JN057160

Fujiと沖縄

山梨日日新聞社

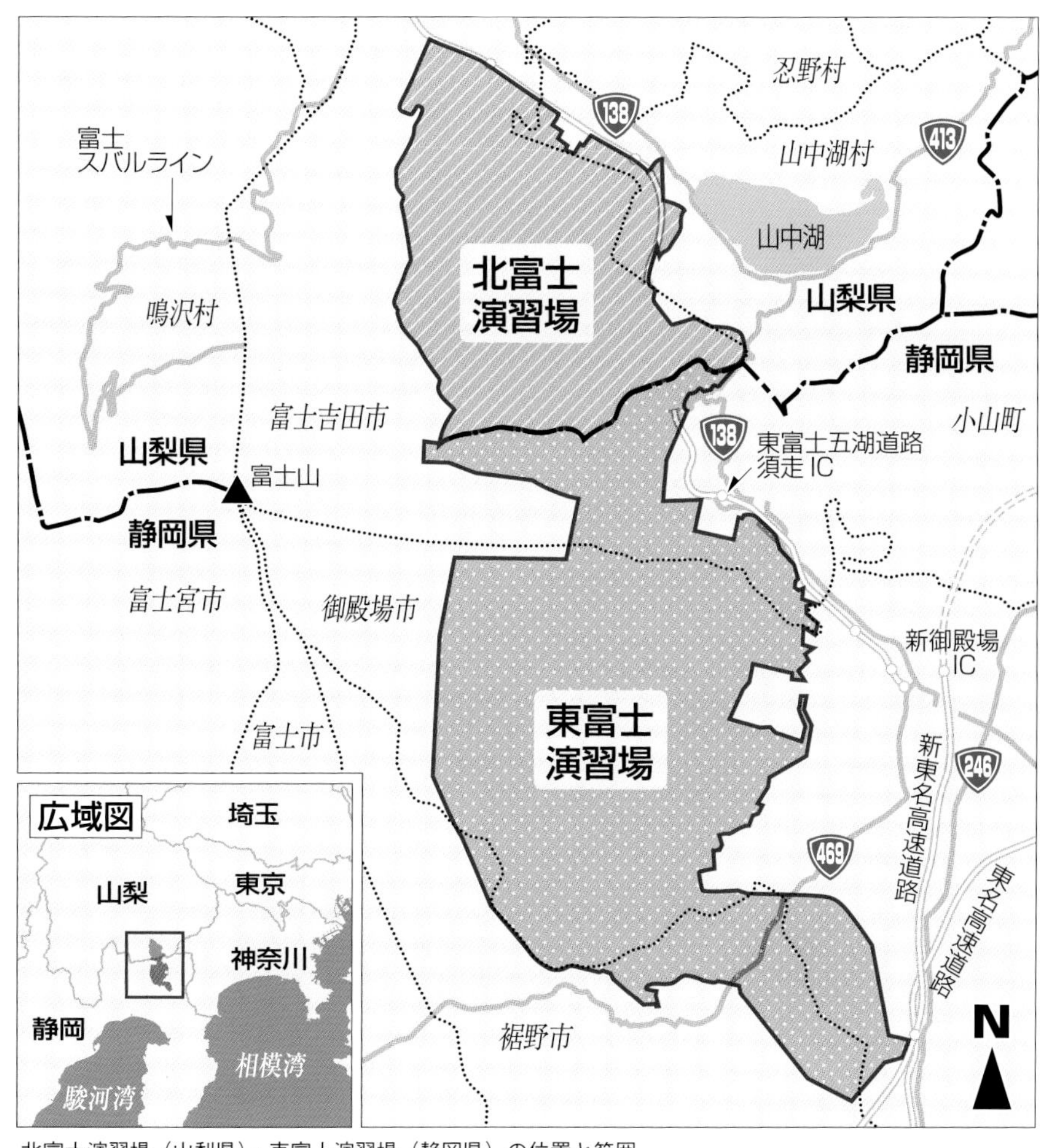

北富士演習場（山梨県）・東富士演習場（静岡県）の位置と範囲

富士山
東富士
演習場
北富士演習場
東富士五湖道路
山中湖
忍野村市街地

富士山の麓にある北富士演習場。左奥に広がる東富士演習場とともに、米軍は富士演習場として使用している

沖縄県道104号越え実弾射撃訓練の移転演習中に北富士演習場で起きた火災（2021年2月4日）

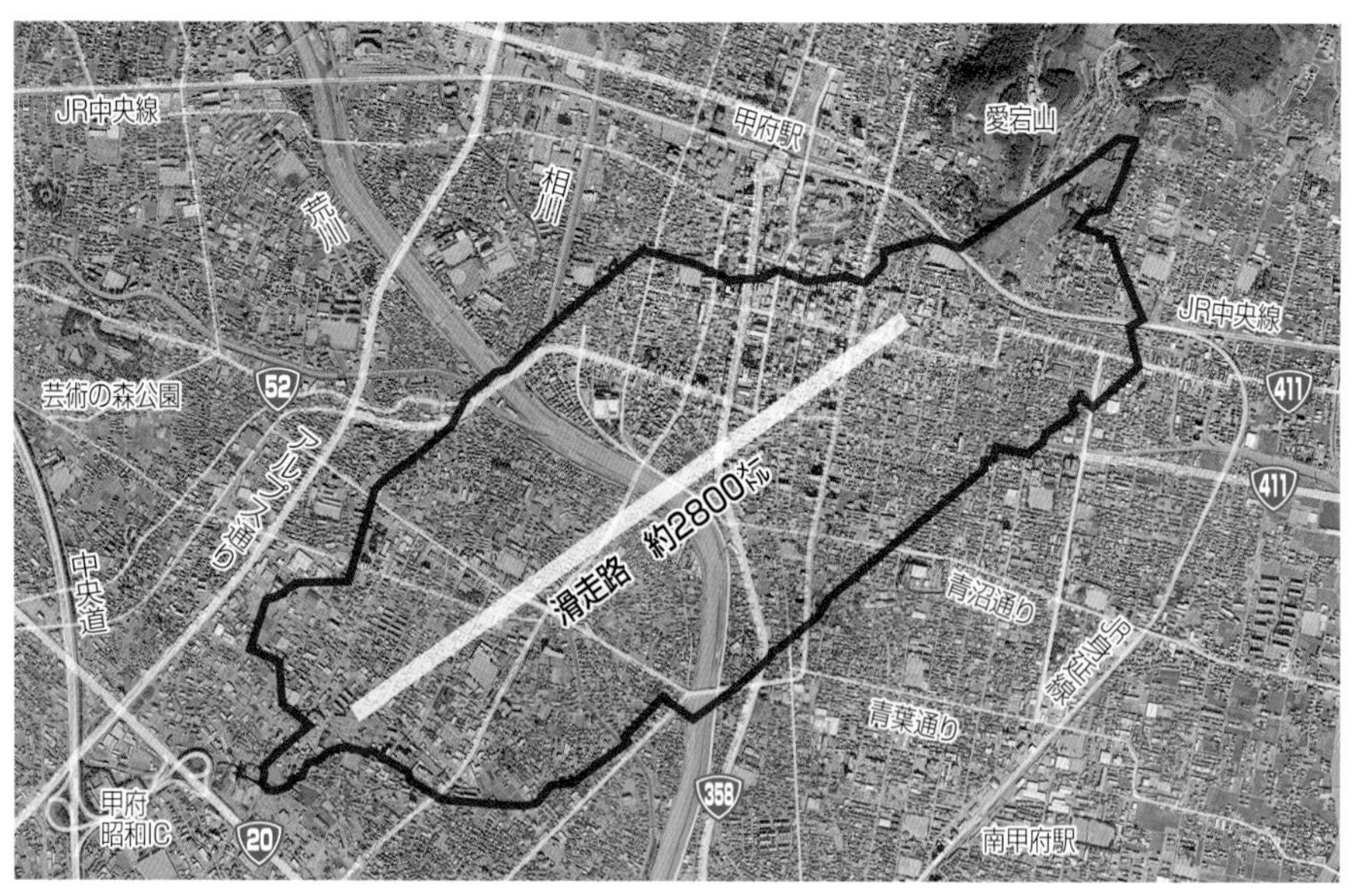

甲府市街と普天間基地の比較（写真は国土地理院）

目次

プロローグ

第1部 米軍がいた11年

第2部　かすむ進駐の記憶

第3部 米軍 今も隣に

第4部　「痛み」分かち合いは

第5部　それぞれの5・15

第6部　継ぐ 未来のために

エピローグ

本書は2022年1月から6月まで山梨日日新聞に連載した「Ｆｕｊｉと沖縄　本土復帰50年」を加筆・修正の上、書籍化したものです。ただし、本文中の年齢・肩書・社会状況は原則として取材時のままとしました。資料等からの引用は仮名遣いも含め概ね原典の表記に従いましたが、読みやすさを考慮し、数字表記を洋数字にするなど一部改めました。

カバー写真◎山梨県側からの富士（空撮）と沖縄・首里城公園の守礼門

沖縄と北富士演習場 主な出来事

（▷…沖縄、▶…山梨・北富士演習場）

1881年 ▶後に北富士演習場が開設される富士山麓の土地が官有地となる

1911年 ▶御料地となっていた土地が山梨県に下賜され、恩賜県有財産となる

16年 ▶恩賜県有財産の一部が福地村外四ケ村恩賜県有財産保護組合に払い下げられる

36～38年 ▶日本陸軍が県有地や福地村外四ケ村恩賜県有財産保護組合有地、民有地の計2千ヘクタールを買収して北富士演習場を開設

45年 ▷沖縄戦。米軍の占領下に
▶米軍が北富士演習場を接収

50年 ▶米軍が北富士演習場周辺の1万7850ヘクタールを接収して演習場とする

51年 ▶米軍が北富士演習場に基地キャンプ・マックネアを整備

52年 ▷沖縄を統治する「米国民政府」の下に「琉球政府」発足。サンフランシスコ講和条約が発効し沖縄は米国の施政権下に

53年 ▷米国民政府が土地接収のため「土地収用令」を公布

55年 ▷6歳の少女が米兵に暴行、殺害された「由美子ちゃん事件」

56年 ▷接収した土地を低額で買い上げる米国民政府の方針に住民が反対した「島ぐるみ闘争」
▶キャンプ・マックネアに駐屯していた米海兵隊が沖縄に移駐

58年 ▶演習場の一部とキャンプ・マックネアが日本に返還される

59年 ▷宮森小に米軍ジェット戦闘機が墜落し、児童ら200人超が死傷

60年 ▷祖国復帰協議会が結成
▶忍野村に陸上自衛隊北富士駐屯地が開設される

65年 ▶米軍が東富士演習場から北富士演習場に向けてロケット砲「リトル・ジョン」の発射訓練を実施

66年 ▶富士吉田市外二ケ村恩賜県有財産保護組合と忍草入会組合を中心とした「北富士演習場林野関係権利者協議会」が北富士演習場の全面返還・平和利用を声明

67年 ▶全面返還・平和利用を公約に掲げた田辺国男氏が知事選に当選

68年 ▷琉球政府初の行政主席公選
▷Ｂ52爆撃機が嘉手納基地に墜落

69年 ▷嘉手納基地で毒ガス漏れ事故
▶県と地元関係者でつくる「北富士演習場対策協議会」が発足。北富士

	演習場の返還などを国に要請
70年	▷コザ市（現沖縄市）で米兵の車が起こした事故を機にコザ暴動が起きる
72年	▷日本復帰 ▶「日米安保条約に基づく米軍に提供するための土地の賃貸借契約は、民法の定めで契約後20年で満了する」との政府見解が示され、7月に県有地が返還される。田辺知事が「北富士演習場の暫定使用に関する覚書」に調印
73年	▶自衛隊と米軍による北富士演習場の5年間の使用を認める使用協定が初めて締結される
75年	▷沖縄国際海洋博覧会開幕
77年	▶国有地214ヘクタールの払い下げについて国と県が売買契約を締結
78年	▷自動車の交通方法が右側通行から左側通行に
86年	▶東富士五湖道路の富士吉田インターチェンジ（IC）—山中湖 IC 間が開通
89年	▷ひめゆり平和祈念資料館が開館
92年	▷首里城の正殿など復元
95年	▷米兵による少女暴行事件
96年	▷日米が普天間飛行場返還に合意
97年	▶沖縄県道104号越え実弾射撃訓練の移転演習が北富士演習場で初めて行われる
2000年	▷九州・沖縄サミット。首里城などが世界文化遺産に登録される
04年	▷普天間飛行場に隣接する沖縄国際大に米軍大型ヘリが墜落 ▶北富士県有地214ヘクタールが富士吉田市外二ケ村恩賜県有財産保護組合に再払い下げされる
18年	▶第10次北富士演習場使用協定が締結される。陸上自衛隊と英陸軍による初の共同訓練が行われる
19年	▷首里城の正殿などが全焼
21年	▶18回目となる沖縄県道104号越え実弾射撃訓練の移転演習が行われる
22年	▷日本復帰から50年

※「北富士演習場問題の概要」などに基づいて作成

プロローグ

戦後、日本の各地に進駐した、米軍を中心とした占領軍。富士山の麓に広がる本州最大の富士演習場も接収された。山梨県側の北富士演習場には米軍基地キャンプ・マックネアが置かれ、激しい演習が行われた。地元住民が山菜を採り、生活に必要な木材を切り出す場は奪われ、基地周辺では米兵による事件や事故が相次いだ。「富士を撃つな」をスローガンにした反対運動が盛り上がり、米軍は沖縄に移った。北富士演習場は今も、米軍が使用できる施設に位置づけられている。「Ｆｕｊｉと沖縄」では基地と山梨、そして２０２２年５月に復帰から50年の節目を迎えた沖縄との関係を考える。

「島唄」翻弄の歴史にささぐ

1992年、山梨県人の手で沖縄を題材にした曲が生まれた。甲府市出身の宮沢和史さん（55）が、「THE BOOM」のメンバーと作った「島唄」。沖縄の風景を紡いだ詞は三線（さんしん）の音とともに、日本全土に響き渡った。

高校生で音楽を志した。尊敬するミュージシャンが琉球音楽を取り入れた曲を作っていることを知り、どこかで沖縄を意識していたが、じかにその文化に触れる機会はなかった。「かつてはアメリカだった場所」「海洋博覧会が行われた場所」。新聞やテレビで伝え聞く情報が、遠く離れた沖縄の全てだった。

91年に島の大地を踏んだ。街を歩くと、乾いた三線の音が聞こえた。思った以上にすぐ近くに音楽がある。そして、思った以上に戦争の深い爪痕が残っていた。人々の営みのすぐそばに米軍基地もあった。

開館して間もない糸満市のひめゆり平和祈念資料館も訪れた。学徒動員された女性が近づいてきて、住民を巻き込んだ国内唯一の地上戦である沖縄戦の話をしてくれた。「以前は戦争のことを話すのはつらかった。でも、黙っていては天国に行った友達に顔向けできない」。語り継ぐことが、生き残った者に課せられた「使命」であるかのように、静かに、しかし力強く言葉を紡いだ。

話を聞いて、ショックだった。そして、怒りがこみ上げた。島中が焼かれ、ガマ（自然壕）では集団自決があり、20万を超える市民や軍人の命が失われた。本土防衛の準備を整えるための勝ち目がない「捨て石作戦」とも呼ばれた戦い。なぜそんなことが起きたのか。怒りは自分にも向けられた。歴史に目を向けず、犠牲と引き換えに平和があることを知らずに生きてきたことが申し訳なかった。

話してくれた女性に手渡せる曲を――。琉球音階を基調とした島唄を作った。

歌詞には二つの意味を込めた。一つは男女の出会いと別れ、もう一つは沖縄戦。歌い出しは、米軍が上陸した読谷村の情景。降り注ぐ艦砲射撃は「鉄の暴風」と呼ば

れた。サビの前で描いたのは、愛し合った二人が、沖縄方言でウージと呼ばれるサトウキビの畑の地下壕で自決

沖縄県那覇市の「首里城公園 守礼門」の前に立つ宮沢和史さん。米軍基地を通じた山梨と沖縄のつながりに複雑な思いを抱いている

する姿。悲劇の背景に本土の軍国主義があったことを考えると、このくだりに琉球音階は使えなかった。西洋音階に切り替え、三線を使うのもやめた。

レコーディングは、山梨県の山中湖近くのスタジオで行った。メンバーに体験を伝え、思いを共有してから録音。アルバムの収録曲として発表した作品のうわさは波紋のように全国に広がり、シングル版はミリオンセラーに。ＮＨＫ紅白歌合戦でも歌った。

収録に使ったスタジオ近くの北富士演習場に、かつて米軍が駐留していたことを知ったのは、リリース後のことだった。基地反対運動を受ける形で、山梨や岐阜にいた米軍は米国の施政権下にあった沖縄に移った。富士山の麓の米兵は去ったが、沖縄では基地拡張が進んだ。

江戸時代に侵攻され、琉球王国から琉球藩に編入され、廃藩置県と戦争を経て米国の支配下に置かれ、再び日本に戻ってきた沖縄。帝国主義の思惑に翻弄された沖縄の歴史の中に、山梨とのつながりがあった。宮沢さんは言う。「どう受け止めていいのか分からず、複雑な心境だった。ただ、幾たびも尊厳を踏みにじられて今の沖縄があること、それに『山梨は沖縄に借りがある』という事実は知っておかなくてはならない」。

島唄（オリジナル・バージョン）

作詞・作曲　宮沢和史

でいごの花が咲き　風を呼び　嵐が来た
でいごが咲き乱れ　風を呼び　嵐が来た
くり返す悲しみは　島渡る波のよう

ウージの森で　あなたと出会い
ウージの下で　千代にさよなら

島唄よ　風に乗り　鳥とともに　海を渡れ
島唄よ　風に乗り　届けておくれ　私の涙

でいごの花も散り　さざ波がゆれるだけ
ささやかな幸せは　うたかたの波の花
ウージの森で　歌った友よ
ウージの下で　八千代の別れ

島唄よ　風に乗り　鳥とともに　海を渡れ
島唄よ　風に乗り　届けておくれ　私の愛を

海よ　宇宙よ　神よ　いのちよ
このまま永遠に夕凪を

島唄よ　風に乗り　鳥とともに　海を渡れ
島唄よ　風に乗り　届けておくれ　私の涙
島唄よ　風に乗り　鳥とともに　海を渡れ
島唄よ　風に乗り　届けておくれ　私の愛を

第1部

米軍がいた11年

戦争が終わった1945年、山梨に米軍を中心とした占領軍が進駐した。北富士演習場の米軍基地キャンプ・マックネアには米海兵隊などが常駐していたが、56年に大部分が沖縄に移駐。第1部「米軍がいた11年」では、米軍が常駐した時代に山梨で何が起きていたのか、埋もれた声を拾い上げる。

今と違う人生　頭よぎる

米車両が衝突、半身に障害

小学6年になっても、雪が降った翌日は母に背負われて忍野小まで通学した。肩越しに雪化粧した富士山が見える。重いのだろう、雪道を踏みしめる母の息づかいが荒い。天野武人さん（76）＝富士吉田市＝は申し訳ないと思いながら、黙って背中にしがみついた。

4歳の時に忍野村忍草の自宅前で、近くにある北富士演習場を占領していた米軍のトラックにはねられた。事故発生は１９４９年7月24日午後2時ごろ。近くに住む年上の女の子を追い掛けて道路を渡ろうとして、巨大なタイヤの下敷きになった。「水、水……」とうわごとを言う天野さんに、母親が水を飲ませようとすると、米兵が「ノー」と割って入った。医師からは「水を飲ませていたら死んでいた」と聞かされた。一命を取り留めたが、脊椎損傷で腹から下の感覚を失った。

晴れた日には車椅子に乗り、母親に押されて片道2キロを通学した。母は昼食の面倒をみたり採尿をするために昼にも学校に来た。貧しく、家は雨漏りする。厳寒期には氷点下10度を下回る忍野で、体を震わせた。病弱な父親に代わり、母親が大黒柱として5人きょうだいがいる一家を養った。

年頃になると、思うように動かない体へのいら立ちから、たびたび感情を爆発させた。「好きで生きているんじゃない。あのときに水1杯を飲ませていればおしまいだったのに」と当たり散らし、腕だけではいずりまわってちゃぶ台をひっくり返した。きょうだいは、またか、という表情でどこかに行ってしまう。母親だけが悲しそうな顔をしてじっと聞いていた。

事故を起こしたのはトレーシーという曹長と聞いた。今もはっきりと記憶していることがある。小学校に入ってすぐ、1、2年生合同の遠足で富士吉田市の富士見公園に出掛けた。友達と遊んでいると、遠くから米国人がこちらを見ていた。近くには母親。言葉は交わさず、会釈だけした。家に帰ってから「あれがトレーシーさんだよ」と聞かされた。米軍が北富士演習場に設けた基地キャンプ・マックネアに赴任したという。

事故後も何度か手紙を書いてきたと聞いた。「申し訳ない」という気持ちがあったからこそ、顔を見に来たのだと思う。ただ、米軍から事故への補償は一銭もなかった。国同士が決めたことに、個人の思いが入り込む余地はなかった。

中学卒業後、「座っていてもできる仕事だから」と富士吉田市の時計職人が修理技術を授けてくれた。市内に店を開くと、腕の良さを買ってくれる得意先もできた。小中学校の幼なじみと結婚し、人生の伴侶にも恵まれた。身体障害があるから不幸なのだと思うことはなくなった。

けれど、ふと思う。「あのとき道路を横断しなかったら。北富士演習場に米軍が駐留しなければ。戦争がなかったら。今とは違う人生があったのだろうか」と。

自宅近くを妻と散策する天野武人さん。幼い頃、米軍車両にはねられて下半身が不自由になった　＝富士吉田市内

占領軍事件 被害克明に

戦後、米軍を中心とした占領軍に接収された北富士演習場など基地や演習場の周辺では、占領軍兵士による事件や事故が相次いだ。だが、連合国軍総司令部（ＧＨＱ）の報道規制で、住民の「知る権利」は著しく制限された。調達庁（現防衛省）の労働組合「全国調達庁職員労働組合」（全調達）は被害の実態を明らかにするため、調査を実施。少なくとも山梨県関係の延べ32件を含む約１３００件が確認された。資料と取材に基づき、県関係の事件、事故をたどる。※地名は現在のもの。

【甲府市】

▼１９４７年４月７日午前９時ごろ

甲府市塩部の道路で、甲斐市大下条の小林はるさん（63）が占領軍の車にはねられて死亡した。運転していたのは日本人男性。小林さんは病院に行く途中だった。

義理の娘いさをさんは全調達の調査に「死亡した姑の小林はるが世帯主として切り盛りしていました。たくさんあった田畑を人に貸していて、はるが死亡した後に返してくれる人はない。戦死した夫の遺児３人を教育するのに残された田畑を売って生活している」などと答えた。

▼１９５１年８月30日午後２時ごろ

甲府市川田町の国道で、笛吹市石和町川中島の女性（32）が米軍の車にはねられた。女性は顔などにけが。車が前方のバスを追い越そうとして、路上で知人と立ち話をしていた女性をはねた。運転手は酒に酔った状態だった。

女性は全調達の調査に「車は私が血だらけになって倒れているのを見てスピードを出して走り去ろうとしました。大声を出して呼んだところ、車はバス前方70メートルくらいのところで止まりました。いくら戦勝国の人だからといって、ひき逃げするような態度は口惜しくてなりません」などと答えた。

【富士吉田市】

▼１９４５年12月６日午後３時ごろ

富士吉田市内の県道で、同市下吉田の男性（56）が米軍車両にはねられ、左足を切断するけがを負った。

▼１９４６年４月14日午前11時ごろ

富士吉田市上吉田の県道で、同所の男性（14）が後ろから走行してきた米軍の小型四輪駆動車にはねられ、死亡した。

▼1947年4月16日午前10時ごろ

富士吉田市松山の国道を同所の佐藤多一さん（10）が自転車で走行していたところ、後ろから来た米軍トラックにはねられて死亡した。

父親の多喜男さんは全調達の調査に「私の子どもは5人いますが、男の子はただ1人で非常に落胆しました。同じ年頃の子どもの成長する様を見るにつけ自分の年の取るのを痛感し、悲哀さと将来を託すべき子を失った親こそ誠に不運とも不憫とも精神上の打撃は言葉には言い尽くせぬ思いです」などと答えた。

▼1949年2月5日午後2時ごろ

◎26ページに詳述。

▼1949年5月30日午前3時ごろ

富士吉田市上吉田の男性（71）の自宅に、米兵とみられる男ら数人が押し入り、男性に暴行した。男性は死亡した。一緒にいた長女が屋外で物音がするのに気付いて調べたところ、米兵らしき3、4人の男が自宅に侵入。男性が「アメリカ人が来たから早く逃げろ」と大きな声を上げたことから、長女は屋外に逃げた。1時間ほどして自宅に戻ると、男性が頭部から出血していて、その後死亡した。

長女は全調達の調査に「大声で『お父さん、お父さん』と呼びましたが、そのまま死んでしまいました。戦争のためにこんなことになった日本政府を恨み、またアメリカ人の仕打ちに今も恨んでおります」などと答えた。

▼1949年6月6日午後2時ごろ

富士吉田市下吉田の男児（5）が市内の道路で米軍人の乗用車にはねられた。男児は頭や腕などに全治1カ月半のけが。

▼1949年8月6日午後8時ごろ

富士吉田市上吉田の男性（69）が自宅前の道路にいたところ、酒に酔った米兵の男が男性を側溝に投げ飛ばした。近所の女性らが泥だらけの男性を発見して救出。男性は胸の骨を折るけがをした。男はキャンプ・マックネア方面に立ち去った。

富士吉田市の下吉田駅前を走る米軍の車両（1951年ごろ、ふじさんミュージアム提供）

男性は後遺症が残り、1年後に死亡。息子は全調達の調査に「長男を戦争で失い、次男に不自由な体を養われなければならない父の心境も全く不運の人そのもので哀れでした」などと答えた。

▼1949年8月7日午後8時ごろ

富士吉田市新屋の女性（43）が、自宅に侵入してきた米兵の男に顔面を殴られた。男は自宅裏の戸から侵入、女性の夫が家から出ていくよう求めたが、男は夫を屋外に追い出し、女性を脇に抱えて寝室に連れていった。男に乱暴されそうになった女性が抵抗したところ、殴られたという。右目付近にけがを負った。一緒にいた長女は戸棚に隠れていて無事だった。男は軍警（MP）に逮捕されたとみられる。

女性は全調達の調査に「顔面神経痛となり、人前に出てもいつも顔に手を当てながら話をするような状況。仕事もあまりできず、手当を受けたが治りません」などと答えた。

▼1951年9月2日午前10時ごろ

富士吉田市新屋の山林で、同所の女性（19）が薪を切っていたところ、米兵が撃ったとみられる銃弾が女性の太ももに当たった。女性は市内の病院で銃弾の摘出手術を受けた。約2カ月後に歩行できるようになった。

【都留市】

▼1949年5月28日午前10時ごろ

都留市田野倉の道路で、同所の女児（6）が占領軍の大型トラックにひかれた。女児はトラックで大月市の病院に搬送された。女児は右足を切断したほか、左足の骨を折るけがを負った。

【大月市】

▼1946年6月21日午後4時ごろ

大月市富浜町の道路で、同町の山田富雄さん（6）が占領軍の小型四輪駆動車の車にはねられた。富雄さんは頭を強く打つけが。

父親の重雄さんは全調達の調査に「当時は米軍の車両がひっきりなしに通りました。警察署の署長さんにも、負けた国民だからどうすることもできないといわれ、泣き寝入りでした。入院料は医者が親切な人でしたので分割払いにしていただきました。この災難のために貧乏のどん底に突き落とされたのです」などと答えた。

▼1946年8月30日午後1時半ごろ　大月市梁川町の道路で、同町の女児（4）が占領軍の大型トラックにはねられて死亡した。

祖父は全調達の調査に「被害者の

両親は当時すでに他界しており、私たち夫婦と子どもらが親代わりになって成長させ、この有様になってしまって本当にがっかりしました。当時は仕事も手につかず毎日をさびしく送りました。いまだに駐留軍の自動車が通るたび、当時を思い出してなりません」などと答えた。

【韮崎市】

▼1948年9月5日午後1時ごろ

韮崎市で、同市の男児（5）が占領軍の小型四輪駆動車にはねられた。男児は左足首の骨を折るけが。

父親は全調達の調査に「被害者は子どもゆえそのまま気を失った。親の私はもうだめかと思った。一人で歩けるようになったのは翌年の6月ごろでした。そのためか左足は目立って細い」などと答えた。

【笛吹市】

▼1952年2月10日午前9時ごろ

◎28ページに詳述。

【上野原市】

▼1949年10月29日午後7時10分ごろ　上野原市の道路で、同所の男性（18）が米軍の小型四輪駆動車にはねられた。男性は頭を強く打ち死亡した。男性は路上で日本人男性とトラブルになり、現場を立ち去ろうとして通行していた車両にはねられた。

▼1952年3月2日午前10時ごろ　上野原市の道路で、同所の男性（66）が占領軍の車にはねられた。男性は腰などにけがをした。

【西桂町】

▼1951年3月19日午前10時ごろ

西桂町の道路で、同町上暮地の男性（58）が占領軍の車にはねられた。男性は全身を強く打ち、左肩と左足の骨を折るけがを負った。見通しの良い直線。

米軍が設けた基地キャンプ・マックネアの門付近。現在の北富士演習場梨ケ原廠舎付近とみられる

【忍野村】

▼1949年7月24日午後2時ごろ

忍野村忍草の道路で、同所の天野武人さん（4）が米軍の大型トラックにはねられ、両足などにけがを負った。

▼1949年7月26日午後3時ごろ

忍野村忍草の道路で、同所の天野隆一さん（56）の馬車に、前方から来た米軍の車両が衝突した。堆肥を運搬していた天野さんが米軍車両に気付いて道路左側に馬車を止めたところ、車両が天野さんに接触。天野さんは胸の骨を折るけがを負った。

▼1951年4月10日午後3時ごろ

忍野村内野の民家の庭で不発弾が爆発し、同所の後藤靖さん（11）が死亡した。不発弾は靖さんが学校から持ち帰ったものとみられる。

父親は全調達の調査に「私はもちろん家族全員がショックで心身に大きな影響を受け、家業にもろくに手がつかない状態でした。占領軍が梨ケ原（※北富士演習場のこと）に駐留さえしなかったならあんな思いをせず、子どもは高校を卒業するのにと切ない思いです」などと答えた。

1945年9月21日、富士山頂に星条旗を掲揚した米軍第105歩兵連隊第2大隊の将兵（米陸軍通信隊作成、共同通信提供）

【山中湖村】

▼1947年6月27日午後3時ごろ

山中湖村山中の道路で、同所の男性（54）が乗っていた馬車と米兵の車が衝突した。男性は死亡した。

▼1949年3月4日午前11時ごろ

◎32ページに詳述。

【東京都】

▼1947年1月31日午後9時ごろ

◎30ページに詳述。

全調達による全国実態調査とは

占領下の事件、事故1300件　被害者や遺族 自ら記入

占領下の日本で相次いで発生した占領軍の兵士による事件や事故。被害の状況を把握しようと、全調達は1958年9月時点の実態調査を行った。調査の全容は長年、日の目

を見ることがなかったが、大阪大教授の藤目ゆきさん（62）が調査票を入手。家族を失った悲しみやその後の苦しい生活が明らかになった。

調達庁は在日米軍や自衛隊が使う施設整備や周辺対策をする組織。藤目教授や防衛施設庁史によると、全調達による実態調査は「占領軍による事件や事故の被害者の苦境が把握されておらず、救済措置も十分でない」と考えた職員が8調達局ごとの支部を通じて行った。

調査票はＢ４判で、被害者の住所や氏名などの個人情報、被害を受けた時の状況、現在の状況、見舞金の支給状況などの記入欄があり、報道を希望するかどうかを尋ねる項目もあった。45～52年の占領下で起きた事件や事故の状況について、被害者や遺族が自ら調査票に書き込んだ。

資料は全調達の書記長だった切田勇さんが保管。ジャーナリストの福島鑄郎さんら知人を通じて出版社に持ち込まれ、藤目さんは約20年前に初めて閲覧した。

資料を整理した藤目さんによると、同じ事件や事故について記録した調査票もあり、延べ件数としては全国で約１３００件あった。種別で最も多かったのは交通事故の１０２２件。自動車が一般家庭に普及していない国内で、未舗装の道路を猛スピードで走行したり飲酒運転したり交通ルールを無視した事故が多く、住民を脅すために車を使った事件性をうかがわせる内容もあった。殺人や傷害は１３４件。都道府県別(発生地)で最も多かったのは神奈川の２６４件。愛知１５１件、大阪１２０件と続いた。被害者の年代は０歳から94歳まで幅広かった。

全調達は、被害者救済を働き掛ける活動も展開。58年9月の全国知事会議には「犬猫同然に殺され、暴行により両眼を失い、両足を失うなど聞く者の肺腑をえぐるものがある。占領期間中の事故補償が早急かつ完全に実施されるよう協力を要請する」（抜粋）などとする陳情書を提出した。

全調達の調査を受け、調達庁も59年4月～60年3月に実態調査を実施。さらに国が政治的責任を負い、立法措置によって被害者を守る必要があるとして、61年には「連合国占領軍等の行為等による被害者等に対する給付金の支給に関する法律」が成立した。

一方、全調達は被害者や遺族は生活を立て直すために十分な補償が行われていないと主張。人権侵害が頻発しているとして、基地周辺で反対運動が広がった。

識者に聞く

大阪大教授

藤目ゆきさん

調査票を分析
「残酷さ、悪質さ伝わる」

「初めて見たときは頭が真っ白になった」。大阪大教授の藤目ゆきさんは、全調達がまとめた占領軍被害の調査票を閲覧した20年前を振り返る。「女性史を研究する立場から占領下の女性被害についても調べていたが、具体的な被害を知るすべはなかった。調査票には残酷な被害が克明に記され、にわかには信じられなかった」。

地区別にファイルされたB４判の調査票を足かけ20年にわたって分析した。数もさることながら、目を引いたのはその悪質さ。海水浴をしている子どもへの機銃掃射、大根を運んでいる高齢者を土下座させて射殺――。「軍国主義から解放して民主主義をもたらした連合国軍、というイメージとは裏腹に、戦後の混乱期の基地周辺では兵士による悪質な事件や事故が多発していた」。

資料に記された事件や事故がすべてではないとも考えている。「占領軍に盾突くことが許されない時代。被害申告をあきらめるよう日本の警察が被害者を説得することがあったほか、兵士を取り締まる立場であるMPによる犯罪もあった。被害者が申告せず泣き寝入りした問題も少なくなかったのではないか」。

性犯罪が極端に少ないという特徴もあった。「強姦」と明確に書いてあるのは、仙台市で17歳の少女が遺体で発見された1件。「立証が難しいことに加え、『性被害は恥』という意識が今より強かったことも影響しているのだろう」と話す。

数々の事件や事故は捜査さえされず、被害者への補償も乏しかった。特に爆発事故に関しては、日本政府もGHQに明確に抗議したり被害者への賠償を請求したりせず、「補償請求が可能という見方を採るかどうかを問う」と遠回しに聞いただけだった。GHQは「損害賠償請求権に関する責任に対しては法的根拠を認めず、支払いについても何ら責任はな

全調達がまとめた占領軍被害に関する調査票。被害の状況が克明に記されている

い」と拒絶。「政府は被害者への温情として見舞金を支給したが、ほとんど『すずめの涙』だった」（藤目さん）。

資料の整理では、実名の持つ力や重みを強く感じたという。藤目さんは言う。「どこの誰がどのような被害に遭ったのか、という情報が明確だからこそ、資料的価値が大きく、検証もできる。被害者の生きた証しを戦後の歴史の1ページとして刻み、伝えていく必要がある。ただ、事件や事故を知る人は年を追うごとに少なくなり、残された時間は長くはない」。

資料を前に、占領軍による犯罪や事故について話す藤目ゆきさん＝大阪大

「米軍」示す記述なし
山梨日日新聞 速報は6件どまり

全調達がまとめた占領軍による事件、事故で、山梨県に関係する延べ32件のうち発生から1週間以内に山梨日日新聞が報じたケースは、不発弾の爆発や交通事故で死者が出た6件だった。「プレスコード（日本への新聞遵則）」の失効前で、不発弾の爆発は接収した北富士演習場で占領軍が使用していたとみられるが、いずれも米軍を示す記述はない。調査記録の遺族の話と食い違いもある。

1949年2月5日に富士吉田市の少年3人が死亡した事件は、7日付2面で「三少年死の薪採り　拾つた小型爆弾が爆発」との見出しで12行の記事を掲載。「立ち入り禁止となつている北富士旧演習場内で小型爆弾を拾いもてあそんでいたところ突然爆発」としている（事件の内容は26ページに詳述）。

だが、全調達の調査では少年の父親が「1948年11月頃より49年3月頃迄進駐軍演習場内に立入りを許可するとの回覧板が回されたので、一般に薪取り専門に入ることができた」と答えている。家畜の飼料や肥料となる草を刈るために欠かせない生活の場だったため、演習が休みの日は住民の立ち入りが認められていたという。

52年2月10日に日本人男性が米軍の車にはねられた事件は、12日付2面で「外人用高級車」が衝突したと報じた。全調達の調査では、母親が「加害者は米兵2人と日本人（娘）1人で泥酔していた」「銃を構えて脅迫した」「逃走した」と答えているが、いずれも触れられていない。

このほか全調達の被害記録の中には、米兵が家に押し入って日本人女性の顔面を殴り後遺症の残るけがを負わせたり、面識のない日本人男性を殴り殺したりした事件もあるが、いずれも不掲載だった。調査で把握されなかった事件、事故も多いとみられ、事件を知る人は家族や高齢になった近隣の住民のみ。広く報じられないまま「被害の記憶」は忘れられつつある。

識者に聞く

一橋大・早稲田大名誉教授

山本武利さん

報道　厳しい検閲で規制

占領下にあった日本で、占領軍兵士による事件や事故が報じられることはほとんどなかった。背景にあったのはＧＨＱによる検閲制度。検閲について研究している一橋大・早稲田大名誉教授の山本武利さんは「敗戦後の日本では、新聞や雑誌、映画といったあらゆるメディアが検閲の対象となり、占領軍に都合の悪い報道は厳しく規制された」と説明する。

ＧＨＱは１９４５年9月に「プレスコード（日本への新聞遵則）」を通達。「占領軍軍隊への批判」「占領軍兵士と日本女性との交渉」など具体的な30項目に触れれば、発行禁止（発禁）などの処分をした。検閲が行われた場所は、東京・市政会館や内務省、朝日新聞社大阪本社など全国の約30カ所。ＮＨＫや全国紙の報道は事前検閲、山梨日日新聞などの地方紙は事後検閲の対象となったという。検閲は49年まで（事前検閲は47年まで）行われた。メディアだけではなく手紙もチェックされた。

実際に発禁処分になった事例として、東洋経済新報がある。45年9月29日号で「進駐米軍の暴行　世界の平和建設を妨げん」とする論説を掲載し、占領軍兵士による暴行事件を批判。論説を書いたのは東洋経済新報社社長で、後に首相を務める石橋湛山（山梨・甲府一高出身）とみられている。

49年には共産党大阪府委員会の機関紙「大阪民報」が、福井県敦賀市で米兵による婦女暴行事件が相次いでいることを告発する記事を壁新聞などに掲載。記事はプレスコードに違反しているとして、記者らが逮捕された。このうち6人は軍事裁判を経て懲役刑を受けた。

山本さんは「発禁処分とすることで、どの記事が問題となるのか報道機関に伝える意図がＧＨＱにはあった。いわば見せしめ。『新聞を発禁処分にする』『記者を逮捕する』という脅しに萎縮せざるを得なかっただろう。『（米軍の軍政下にあった）沖縄に連行して強制労働をさせるぞ』という脅し文句もあった」と話す。事件や事故だけではなく、米兵と娼婦との関係を報じることも規制の対象となった。

プレスコードは、52年のサンフランシスコ講和条約発効で効力を失った。「米国も露骨な介入や弾圧はできなくなったが、報道機関が晴れて言論の自由を謳歌できるようになったかといえばそうではない。米軍は引き続き駐留し、基地もある。7年間の暗い記憶はそう簡単に払拭できない。メディアの忖度はその後も続いた」。

一方、検閲の実態についてはいまだ不明な点が多い。山本さんは「検閲に関するGHQの総括的な公文書は見つかっておらず、断片的な資料から解き明かすしかない」と言う。検閲場所がすべて判明したのも2019年11月。検閲が行われた4年間で日本人を含む延べ2万人以上が検閲官として従事したとみられるが、後ろめたさがあるためか名乗り出る人は少なく、証言もごくわずかという。「確かなことは、検閲によって当時の人々は事実を知ることができなかったということだ」。

削除や発行禁止となる記載
※30項目から抜粋
- 連合国軍最高司令官や総司令部への批判
- 検閲制度への言及
- 連合国への批判
- 戦争擁護の宣伝
- 軍国主義の宣伝
- 占領軍兵士と日本女性との交渉
- 占領軍軍隊への批判
- 解禁されていない報道の公表

「占領軍に不都合な情報は著しく制限された」と話す山本武利さん＝東京都内

やまもと・たけとしさん　NPO法人インテリジェンス研究所理事長。一橋大名誉教授。早稲田大名誉教授。著書に「検閲官」「GHQの検閲・諜報・宣伝工作」など。81歳。

恵みの裏山　悲劇の舞台

不発弾 少年３人の命奪う

よく晴れた土曜日の午後だった。富士吉田市の小佐野すみ江さん（93）は20代だった１９４９年２月５日、隣家の親戚の飼い犬が１匹でいるのを見て、いぶかしんだ。年の離れた義弟ら子どもたちに連れられ、北富士演習場に行ったはずだった。「飼い主を置いて帰ってくるような犬じゃないのに」。大人たちが「おかしい」と騒ぎだして間もなく、血まみれの少年３人が虫の息で運ばれてきた。リヤカーで外科に担ぎ込まれたが、息を引き取った。

いとこ同士４人で薪採りに出かけ、演習場で起きた不発弾爆発で、女児１人を残して３人が死亡。すみ江さんの義弟、小佐野勝さん＝当時13歳＝は左手を飛ばされていた。隣家のいとこの小佐野一平さん＝同15歳＝と弟安広さん＝同６歳＝も顔や腹に深い傷があった。

暖冬で、２月にしては珍しく演習場の草原が雪で覆われていなかった。すみ江さんは言う。「雪があれば、子どもたちは薪採りに出掛けなかっただろう」。戦後、米軍に接収された北富士演習場は住民の立ち入りや耕作が禁じられた。だが、地元の強い要望で、土曜午後や日曜など訓練が休みの日は薪採りの立ち入りが認められていた。

寒さの厳しいやせた火山灰土壌が広がる富士北麓の農業は富士北面の草木に依存していた。住民は演習場で牛馬の飼料や肥料にする草を刈り、農地に運び込んだ。すみ江さんもその一人。嫁入り前は弟や親と一緒に馬に車を引かせて草刈りに出掛けた。だが、米軍の演習が始まってから、演習場で草刈りや野焼きの最中に不発弾が爆発するなどして死亡する人が続出した。

「節分の豆をおやつに持って出掛け、おもちゃのこまを作る材料にしようと不発弾に近づいたらしい」。一平さんと安広さんのめい、鈴木孝代さん（72）＝同市＝は小学生の頃、おばに連れられて一度だけ事故現場を訪れた。麓から１時間ほど上った場所。近づくと、草むらから２羽の鳥が飛び立ち、おばは「ああ、一平ちゃんと安広ちゃんだ」とつぶやいた。

2人の子どもを亡くした祖父は、爆発事故の2年後に生まれた孝代さんをかわいがった。「お前は希望の光だ」「あなたが生まれて救われた」。そう聞かされて育ち、命日にはおばと墓参りを欠かさなかった。そのおばも数年前に他界した。碑のような目印はなく、今となっては場所も分からない。

　事故のことは同世代の友人も知らない。親戚でも自分より下の世代は知らない。演習場のある梨ケ原は山菜や野花を取りに行く裏山のような存在だった。春はワラビを採りに、盆にはキキョウやユリ、ナデシコを摘みに、きょうだいや親戚と連れだって出掛けた。怖い思いをしたことはない。それでも「事故を風化させたくない」と鈴木さん。語ることで供養になれば、と考えている。

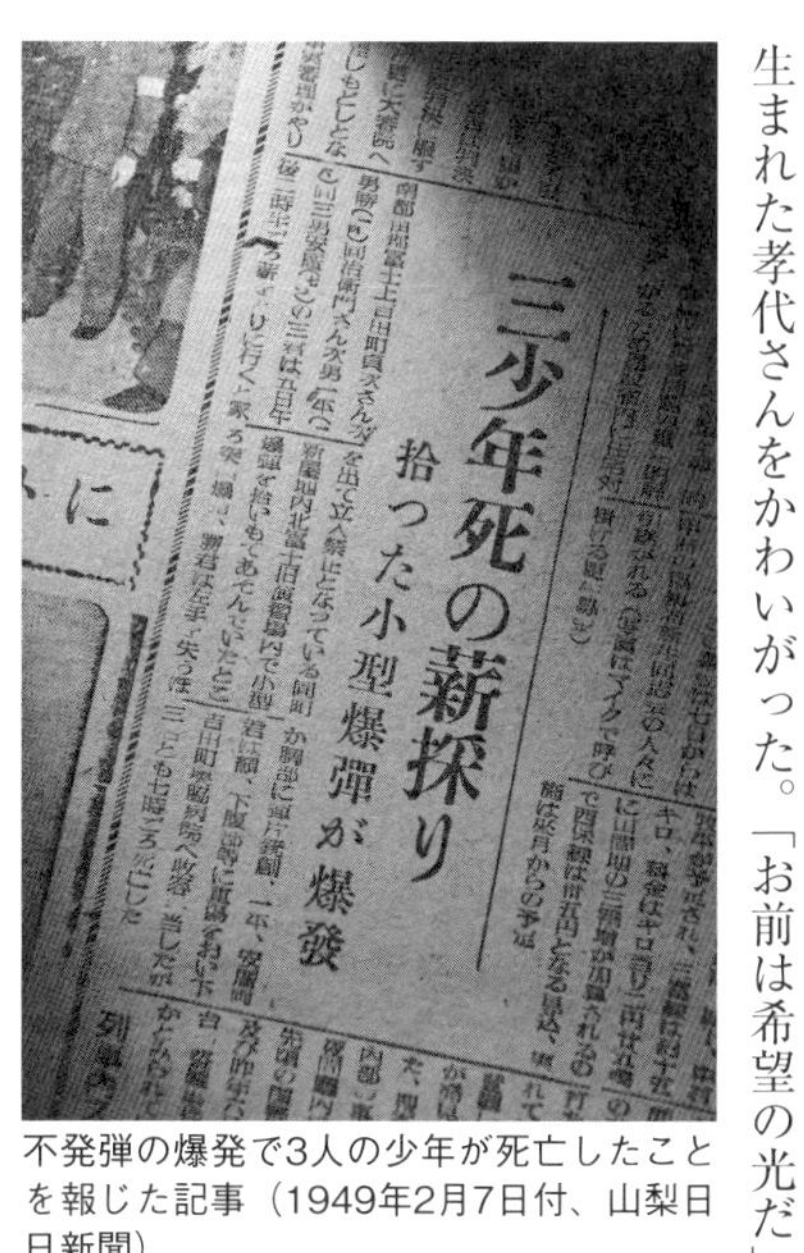
三少年死の薪採り
拾った小型爆彈が爆發

不発弾の爆発で3人の少年が死亡したことを報じた記事（1949年2月7日付、山梨日日新聞）

不発弾爆発により13歳で亡くなった小佐野勝さんの位牌を手に、「当時はみんな薪採りで演習場に入っていた」と振り返る小佐野すみ江さん
＝富士吉田市

消えた加害者、母の無念

事故後に銃で威嚇 長男死亡

「肝っ玉ばあちゃん」だった。市川千寿さん（62）＝昭和町＝の祖母光子さんは早くに夫を亡くし、運送会社を経営しながら4人の男の子を育てた。晩年はがんを患いながら「家で最期を」と仕事を続けた。従業員の給料袋に1円も間違えず現金を入れた翌日、84歳でこの世を去った。そんな祖母も、長男の勇さんが米兵にひき逃げされて亡くなった時のことを話すときだけは、力なかった。

事件は1952年2月10日、錦生村（現笛吹市）の道路で起きた。勇さんは中学を卒業したばかりの弟の仕事を探すため、貨物トラックで東京方面に向かっていたが、車が故障。道路脇で修理していると、酒に酔った米兵2人と日本人女性が乗った車がトラックに衝突し、勇さんもはねられた。

近くに住む人や消防団員が勇さんを戸板に載せて搬送しようとすると、米兵2人は銃で威嚇しながら逃げた。勇さんは病院に向かう途中で息を引き取った。27歳。無言で帰宅した勇さんの両足は、胴体から離れていた。

占領軍による事件や事故を調べていた全調達の調査で、光子さんは「家中思ひもかけぬ苦労をして居ります」と書いた。米兵が誰か特定できず、調査票の「被害を加えた人」の欄には「不明」の2文字を記すしかなかった。「甲府方面へ逃走して、私は加害者には逢っても居りません」と無念さをにじませた。

千寿さんにとって、勇さんはおじに当たる。祖母は何かの拍子に事件のことを思い出し、唐突に話し始めた。骨董品を鑑定するテレビ番組を見ながら「昔はうちにも、昇仙峡で採れたでかい水晶やら立派な日本刀やらいっぱいあったんだ」とぼつぼつとつぶやく。「それがアメリカ兵のせいで生活のために全部手放さなくちゃならなくなった」。

戦前は手広く事業をしていた。トラックを使った運送業に養豚業、アイスキャンディー工場もあった。戦争が終わる間際に夫が病死してからは、光子さんは勇さんと二人三脚で暮らしを支えてきた。事件で半身を奪われたようなものだった。

米軍からの補償は一切なかった。事件によって商売道具の貨物トラックは大破し、幼い子どもを育てるために、家にあった骨董品を売った。「勇は働き者だった。それが、あんなことになっちまって。謝りに来るどころか顔も見ていない」。光子さんは仏間にある勇さんの遺影を見ながら、さみしそうな、悔しそうな声を絞り出した。

事件はサンフランシスコ講和条約の発効まであと2カ月を迎え、「いよいよ独立」のムードが広がるなかで起きた。「こんな話は孫に聞かせるものじゃない、と頭では分かっていても言わずにはいられないのだろう」と、千寿さんは祖母の心中を推し量りながら聞いていた。昔話はいつも必ず同じ言葉で締めくくられた。「戦争が終わったなんてとんでもない。アメリカ兵に殺されて、戦争で殺されたようなもんだ」。

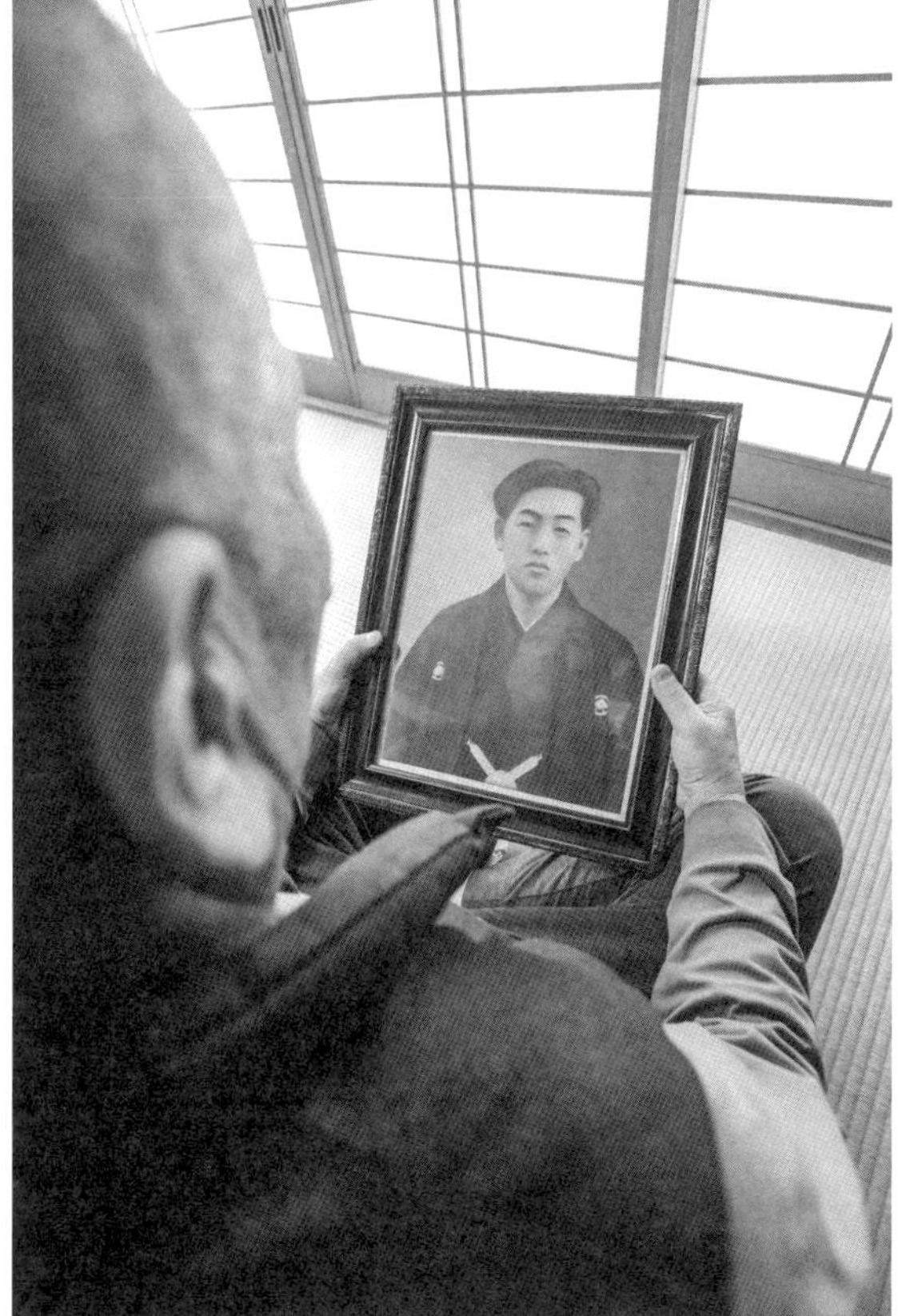

米兵が運転する車にはねられて亡くなった市川勇さんの遺影を手にする市川千寿さん。「米軍からは謝罪も補償もなかった」という祖母の言葉が忘れられない　＝昭和町

割り切れなさ　75年抱え

車修理中に殴り殺された若者2人

仏間の長押（なげし）にいくつも立て掛けられた先祖の遺影。見たことがない若い顔があるのに気付いたのは、小学6年のころだっただろうか。村松登美子さん（71）＝中央市＝が写真を見ながら「この人、だあれ？」と指さすと、父親は「おまえの叔父さんだよ」と告げ、「アメリカ兵に殺されたんだ」と続けた。

父親の弟に当たる豊富村（現中央市）の小宮山次男さんは米兵に棒で殴られ、20歳で命を落とした。事件が起きたのは1947年1月31日午後9時ごろ、東京と神奈川の都県境にある小仏峠付近。小宮山さんは勤めていた山梨県農業会の仲間と東京から車で帰る途中、転落事故を起こした。車の修理をしていると、米軍立川基地（キャンプ・フィンカム）の整備兵5人が突然襲いかかってきた。

職員は散り散りに逃げたが、車の下で寝転がって作業していた小宮山さんは逃げ切れなかった。後頭部が陥没するほど殴打され、その場で命を落とした。車に同乗していて、小宮山さんと同じように棒で殴られた保坂朝則さん（山梨市）は病院に運ばれたものの、事件翌日の午後8時に19歳で死亡。20歳だった石橋嘉一さん（甲府市）は一命を取り留めたが、右耳の難聴に悩まされ続けた。

整備兵5人はこの事件の直前に現在の東京都八王子市で、事件後には相模原市でも殺人事件を起こし、被害者は死者だけで計5人に及んだ。整備兵はその後、死刑や終身刑の判決が下されたと報じられた。ただ、遺族に米軍から補償金は支払われなかった。

亡くなった小宮山さんは、4人きょうだいの末っ子。母親はショックでふさぎ込み、事件の翌々年、後を追うように亡くなった。子を失い、妻を亡くしたやりきれなさを伝えたかったのか、父の重良さんは、占領軍被害を調べていた全調達の組合員に手紙を宛てた。「被害者も事件も少ない田舎で被害者連盟が結成されて居らず何の運動も出来ずにおります。講和発動後の補償と同じようにして頂きますれば親の身として墓標を立ててやり度く思ひます」。

村松さんに事件について話してくれたのは、甲府市で魚屋をしていた、小宮山さんの姉に当たる叔母だった。中学生のころ暮れの繁忙期に手伝いに行くと、仕事の後に昔の話になった。そこで叔父の最期を知った。祖父からも父からも詳しく聞かされたことがない話。「つらすぎて話せなかったんだろう」。事件についてはほとんど話さないまま、祖父も父も他界した。

2022年1月31日で事件から75年。身内が米兵に殺された事実は、過去のものとなりつつある。ただ、当時を知る家族にとっては忘れられない出来事だと感じたことがある。年老いた叔母が、高齢者施設に入る前のことだ。

次に会えるのはいつになるかわからないと、話は尽きなかった。そこで、事件の話になった。しんみりしながら「これ、今も持っているんだよ」と叔母がおもむろに手帳から出したのは、小宮山さんの遺影。若き日の弟を写した白黒写真だけは、肌身離さなかった。その叔母も21年12月、100歳で亡くなった。「戦後の混乱期に起きたやむを得ない事件と割り切れない。けれど、前を向いて生きていくには拘泥してばかりもいられない。そんな苦しい思いをしながら遺族は過ごしてきたということ」。

叔父が眠る墓に花を手向ける村松登美子さん　＝中央市内

小宮山次男さん

「事件では」今も違和感

「事故」で後遺症 姉が自死

「甲府の方に行ってくる」。それが最後の言葉だった。米軍の建設用車両にはねられて長い療養生活を送っていた上小沢千恵子さんは１９５６年1月11日、外出先で薬物を使い25歳で自ら命を絶った。妹の佐藤小夜子さん（88）＝富士吉田市＝は、姉の自死を信じられず、受け止められなかった。出掛ける前もいつもと変わらないそぶりで、死を選ぶほど思い詰めた様子はなかった。「どうして」。頭はその言葉で埋め尽くされた。

明るく、活発な姉だった。５人きょうだいの一番上で、面倒見がいい。戦後の食糧難の時期でも「私に任せておいて」と、どこかに行ってサツマイモを仕入れてきた。祖母のとせさんはとりわけ千恵子さんをかわいがった。

事故が起きた49年3月4日は、中野村（現山中湖村）の神社で祭りがある日だった。「どうしても連れていってやりたい」。とせさんはそう言って、富士上吉田町（現富士吉田市）の自宅から千恵子さんを連れ出した。

神社近くのバス停を降りて５００メートルほど歩いたところで、２人の後ろから米兵が運転する車が突進してきた。とせさんは千恵子さんの手を引いて道路脇の林に逃げたが、米兵はさらに追い掛けてきた。密生する雑木林に、２人は逃げ場をなくした。千恵子さんは車にはねられて意識を失い、とせさんは車輪の下敷きになってその場で亡くなった。71歳だった。

事故を機に家族の暮らしは一変した。千恵子さんは２カ月の入院の後、家に戻ってきたが、腰の痛みは続いた。両親は後遺症をどうにかできないものかと東京都内の大学病院で治療を受けさせ、都内にある別の病院に２カ月近く入院させた。下部温泉でも長く湯治をさせたが、回復の兆しはなかった。

見舞金として支給されたのは県と市から２人分合わせて４万９千円。数十万円という千恵子さんの治療費にはとうてい及ばなかった。麦やトウモロコシ、蚕の仕事でまかなえるはずもなく、親戚に金を借り、足りないので土地を担保に借金した。米軍から賠償金の支払いはなく、運転手が裁きを受けたかどうかさえ分からない。家族とは「戦争で負けるというのはこんなもの」と慰め合うしかなかった。

事故から、姉の性格も百八十度変わった。かつてのらんまんさは消え、暗い和室にひきこもって横になっている時間が長くなった。冷え込む日はうずくらしかった。手で腰を押さえ、うなりながら夜を明かす姉に、声を掛けるのもはばかられた。

「40歳になると半身不随になるかもしれません」。医師にそう告げられた。懸命に治療を続けていた姉の心も折れてしまったのだろうか。自ら死を選んだ千恵子さんの亡きがらは菩提寺に納められ、墓誌にはとせさんの隣に戒名が刻まれた。

祖母と姉の命を奪った米軍による事故。けれど、あれは大型車を使った「事件」ではないのか。「道路の脇にある林まで追い掛けてはねるなんて尋常ではない」と佐藤さんは言う。ただの事故として片付けられたことへの違和感と口惜しさは、70年たった今も消えない。

姉の上小沢千恵子さんの写真が収められたアルバムをめくる佐藤小夜子さん
＝富士吉田市

米軍車両にはねられた上小沢千恵子さん（左）ととせさん（中央）

「監視」で報道に圧力か

占領軍 記事を事後検閲

空襲で焼け野原となった甲府で終戦を迎えた御園生光郎さん（90）＝甲府市＝は、戦後の日々を戦災者住宅で送っていた。そこに米兵が小型四輪駆動車で乗り付けてきた。山梨工業専門学校（現山梨大）の教壇に立っていた父親が、戦犯として逮捕されるのではないかと、近所の人も固唾をのんで見守った。だが、指名されたのは父ではなく、兄だった。

戦時中も英字新聞を読み、英語が堪能な兄。窓越しに話し掛けられて流ちょうに受け答える兄に米兵は何事かを伝えると、再び車に乗り、砂煙を上げて帰った。兄は「米軍の事務所に来て仕事をしろって」と言った。しばらくたってから仕事内容を聞くと「新聞記事を英訳している」と兄。記事を事後検閲していたのだと御園生さんが気付いたのは、新聞記者になってからだった。

ＧＨＱは１９４５年9月、報道機関を統制する目的で「プレスコード（日本への新聞遵則）」を通達。占領軍への批判や飢餓の誇張、闇市の状況に関する記事がないかどうかを調べた。山梨日日新聞に関しては組織図を作り、役員のほか、政治、経済、社会の記事を担当する編集者の情報を収集してまとめた。

政治や貧困に関する記事は英訳され、報告された。国立国会図書館所蔵の資料によると、山梨日日新聞で対象となったのは、昭和天皇の格好で仮装行列に参加した男性がいたことを伝えた「仮装行列に天皇」（47年1月18日付）や甲府・朝日小の児童が戦前よりやせ細っていることを報じた「縮まる学童」（47年6月10日付）など。戦前に廃止された芸妓置屋の営業を県が認めることを報道した「芸妓復活の県令出る」（46年12月25日付）は「ＲＥＶＩＶＥ　ＧＥＩＳＨＡ　ＧＩＲＬ　ＳＹＳＴＥＭ」と訳された。プレスコードは日本が独立する52年まで効力があった。

御園生さんが山梨日日新聞で記者として働き始めたのは、占領が終わる間際の52年4月。社会部では先輩記者に「足で稼げ」と厳命され、甲府署の刑事課や甲府地検の検事室に頻繁に顔を出した。甲府市中心街の路地裏にあったパチンコ店に行き、たばこの煙が充満した店内で刑事の隣に座っては世間話をしながら関係をつくった。「おおらかな時代。警察資料を閲覧し、取り調べを間近で見ることもあった」。発表や会見に頼らず、築いた人間関係で情報をつかめるようになった。

ただ、米軍が絡む事件や事故は別だった。内容の公表は限定的。山梨日日新聞は「駐留軍の犯罪ふえる」（53年12月21日付）や「山中湖に米機墜落」（54年5月15日付）など、米軍が北富士演習場に設置した基地キャンプ・マックネアの周辺で発生した問題を中心に報道したが、「個別の事案を十分に把握しきれたかどうかは自信がない」（御園生さん）。

先輩記者や新聞の英訳をしていた兄は鬼籍に入り、占領期の報道規制や検閲の状況は聞けないままとなった。「占領期はもちろん、独立後も日米安保条約に基づき、米軍は駐留軍として支配的な存在であり続けた。事件や事故があったのか、関係者が摘発されたのか、分からないのが、当時の偽らざる状況だった」。

記者時代に書いた記事や戦後の写真を見ながら、独立直後の取材環境について説明する御園生光郎さん＝甲府市

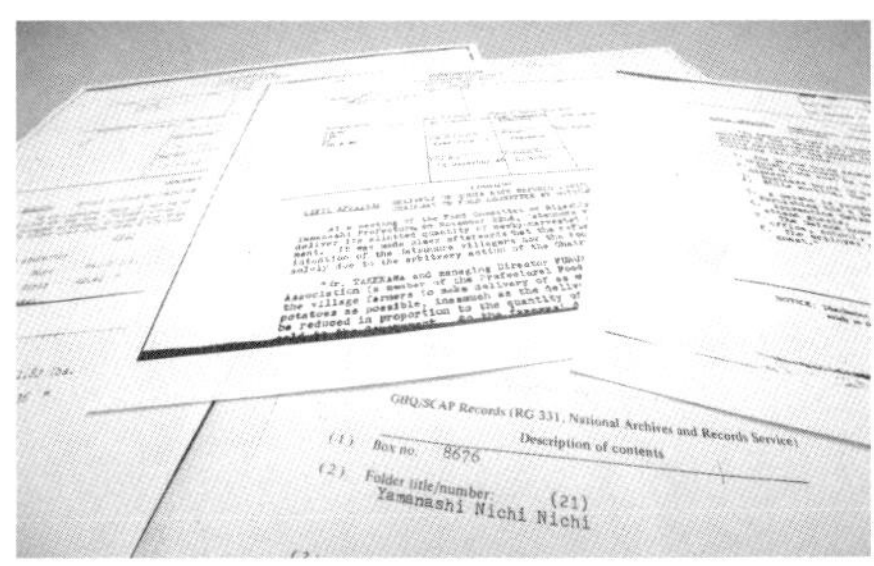

GHQ が把握していた山梨日日新聞の記事や組織の情報

乱れた風紀 生きるため

寒村が歓楽街に

羽田功さん（70）＝山中湖村＝の家にはかつて、１枚の写真があった。赤子だった羽田さんが叔母に抱かれ、両隣に米兵が立つ。背景の建物は父親が経営していたビアホール「サンフラワー」。北富士演習場に米軍の基地キャンプ・マックネアがあった頃に撮影された。

北富士演習場は戦後、米軍に接収され、キャンプ・マックネアが設置された。１９５０年に勃発した朝鮮戦争で後方支援施設となると、海兵隊の兵士が数多く常駐。周辺には飲食店が建ち並んだ。県吉田保健所が52年にまとめた報告書「保健所の立場からみた夜の女の実態」によると、51年時点の米軍向け店舗数（無許可など含む）は、富士吉田市１３１、船津村（現富士河口湖町）28、忍野村25、中野村（現山中湖村）92に上った。

中野村は真冬には氷点下20度近くになる日もあり、富士山の火山灰と溶岩に覆われて農耕には向かない。そこに米軍相手の商機が訪れた。朝鮮戦争という世界的な出来事に巻き込まれる形で、地方にある静かな村はネオンが光る歓楽街へと変貌した。

羽田さんの父が営むビアホールは人気だった。店の壁には下半身を強調した女性の絵が描かれ、米兵はおもしろがって「ビッグオシリー」と呼んだ。「米兵は壁の前で記念写真を撮った。半ば笑われながらも、彼らが落とす外貨にすがったということだ」（羽田さん）。

村には米兵を相手にする女性も流れ込んだ。「村民は耕地山林をとられ収入の道を失ひまた演習兵がＢｅｅｒを要求し又女を要求」（山梨県報告書）したことが背景だった。県の報告書では50年にはキャンプ・マックネア周辺に1千人を超える女性が滞在。うち４３４人の出身地は多くが県外。静岡が約半数の２１８人で、東京76人、横浜42人。村人は自宅の一室を女性に貸すようになった。

理容業を営んでいた高村倉司さん（72）＝山中湖村＝は、ネオン街で育った。給料日の土曜日ともなると、酔っ払った米兵と女性が肩寄せ合って歩き、客引きも現れた。

高村さんは、米兵に悪い印象はない。兵士の行動を取

口留番所の跡地に立つ高村倉司さん。かつてはＭＰの詰め所があった　＝山中湖村

り締まるＭＰは優しかったと記憶している。戦国時代に設けられたとされる警備拠点「口留番所」に駐在していて、夕方に仲間と行くと、陽気なＭＰが携帯食をくれた。コンビーフや固形ココア、チーズ。食べたことがない味だった。

高村さんの家でもビアホールに勤める女性に部屋を貸していた。印象的な出来事が二つある。一つは幼い頃、女性が地元の祭りの時に、稚児の着付けをしてくれたこと。もう一つは村の診療所に女性が入院して、見舞いに行った時のことだ。薄暗い院内を歩いて行くと、あるものが目に飛び込んできた。赤子の遺体らしきもの。女性が入院したのは堕胎のためだったのだと、後に理解した。

「『風紀の乱れ』という言葉で片付けられないひどい状況。でも、食うために目をつぶらねばならない。それが現実だった」（高村さん）。県の報告書は当時の村の状況をこう記している。「風紀がどうの、子供がどうのという問題は頭の中にあつてもどうにもならぬ状態だつた」。

「遊び場」で危険な稼ぎ

子どもが砲弾の破片集め

着弾地の周りに散らばった砲弾の破片を、一つ一つ拾い集める。とがったかけらで指は傷だらけ。生活の足しにと、やめなかった。米軍が北富士演習場に基地キャンプ・マックネアを設けて実弾演習をしていた１９５０年代。長田尊三さん（73）＝忍野村＝にとって、その原野は遊び場であり「宝の山」だった。

日曜日になると麻袋を背負い、撃ち込まれた砲弾の薬きょうを少年たちが競うように拾った。学校より、演習場のある梨ケ原に行く方が楽しかった。１日歩いて得られるのは、せいぜい子どもの両手ですくえる程度。それでも持ち帰ると親が喜んだ。

朝鮮戦争が勃発した影響で特需が生まれ、金属の価格が高騰。「金偏景気」と呼ばれる好景気が訪れていた。近所には「ガベージ」と呼ばれる廃品回収業を営む人がいて、砲弾の真ちゅうや「アカ」といわれる銅は特に高く売れた。業者の家の軒先はバッテリーや配給の缶詰まで、米軍が不要とした物が山積みになった。

くず鉄を集めれば金になると、忍野村のほか、富士吉田市や山中湖村では、砲弾の破片の回収を目的に演習場に立ち入り、不発弾で死亡する住民が相次いだ。54年6月の富士吉田市広報には「最近演習場に銃砲弾の薬きょう拾いに立入る者が多い様ですが、これらは全く危険で……」と注意を促す記事が載った。

演習の最中に砲弾を拾いに行き、射撃や不発弾の爆発で死亡した人もいた。死と隣り合わせの危険な稼ぎ。長田さんは弾拾いをした後、膨らんだ袋を見られたくなくて、人目につかない沢筋の低い場所をひっそりと歩いて帰った。

米軍が北富士演習場に常駐しなくなった後も演習は続き、不要になった食料やごみは土に埋められた。米兵が引き揚げるとき、うなる戦車の音を合図に、少年たちは「さあ、行くか」と繰り出した。目当ては米兵が捨てた缶詰だった。米軍のテント跡で埋められた穴を探して手を突っ込むと、ジャムやピーナツバター、牛肉のシ

チュー、ビスケット付きのココアが入った缶詰が出てきた。小学校に持って行くと、同級生が欲しがった。
子どもの仕事として言いつけられていた、草取りが嫌いだった。「草ばかり生えて、ちょっと陽気が悪ければしいなばかりだ」。米もわずかしかとれない土地を耕してどうにか食料を手に入れる自分たちと違い、米軍は何でも持っていた。演習場内の立ち入り禁止区域でも、赤ん坊を背中に背負って行くと米兵がかわいがって粉ミルクの袋をくれた。米兵がコーヒーに入れていたミルクが欲しくて、学校から帰るといとこをおんぶして出掛けた。
60年たって、演習場にはかつての爪痕が残る。カラマツ林の木の幹には撃ち込まれた銃弾が食い込んだまま。材木は売り物にならない。山菜採りや木の伐採で入るのに危険だとして、国有地の外側では古い不発弾の探査が今も続く。子どものころ、夢中で拾った砲弾のかけら。長田さんは言う。「鉄くずは金になった。だが、ない方がよかった」。

北富士演習場に隣接する林を前に「子どものころ、弾拾いの後は沢沿いを歩いて帰ってきた」と振り返る長田尊三さん　＝山中湖村

「彼女らも戦争犠牲者」

依存生活 弱者に矛先

「村から追い出せ」。1955年、中野村（現山中湖村）。当時、吉田高3年だった羽田隆司さん（84）＝山中湖村＝は仲間と一晩かけ、米軍を相手にする女性の追放を訴えるポスターを書き、村中の電柱に貼ってまわった。北富士演習場の米軍基地キャンプ・マックネアに常駐する米兵と女性が村の至る所でたむろしているのが許せなかった。

ポスターを貼ったその日のうちに村長に呼び出され、大目玉を食らった。「村がどうやって食っているのか、分かっているのか」。米兵を主客にビアホールを営む家、女性に部屋を貸して生計を立てる家。米軍と無関係に生活する人を探す方が難しかった。

米軍依存の地域経済であることは、身をもって知っていた。父親は電気技師としてキャンプ・マックネアに勤め、祖父は米兵と女性を相手に銭湯「みやこ湯」を経営。自宅の客間は、将校を相手にする女性に貸していた。

羽田さんも高校の授業が終わるとすぐ、米軍基地を横目に急いで帰り、湯を沸かすボイラーにまきをくべた。洗濯板を使って米兵の衣服を洗い、銭湯を閉めた後は富士山の絵が描かれた浴室で湯船のあかをこすった。女性からは「お風呂屋のお坊ちゃん」と呼ばれた。

米軍の常駐で、山中湖のほとりにある静かな村は一変した。大通りは酒に酔った米兵と女性であふれ、ビアホールから大音量のジャズ音楽が響き、白人と黒人のけんかが絶えなかった。2人の弟を思うと、今の村のままでいいとは到底思えず、ポスターを書いた。だが、生活を優先する大人はそれを許さなかった。治安より風紀より、ドル紙幣。抵抗は1日で終わった。

米軍との共存は、長くは続かなかった。ある日、廊下で雑巾がけをしていると、家に住む女性から「ちょっと東京に行ってきます」と声を掛けられた。そして、そのまま帰ってこなかった。部屋に入ると、知らぬ間にほとんどの荷物が引き揚げられ、白い雨靴がぽつんとあるだけだった。

キャンプ・マックネアの米兵と女性向けに営業した銭湯「みやこ湯」の跡地に立つ羽田隆司さん
＝山中湖村

間もなく、キャンプ・マックネアが閉鎖されるという情報が村中に流れた。女性は将校を相手にしていたから、いち早く情報をつかんだのだろうか。ほかの女性も一人、また一人と村を去った。56年3月、キャンプ・マックネアの兵士は沖縄に移駐。村にある米軍向けの店は閉じ、銭湯も取り壊された。

村から米軍がいなくなって3年がたったある日、東京都内の専門学校に通っていた羽田さんは友人と新宿・歌舞伎町のバーに入った。カウンターの椅子に腰掛けると、後ろからぽんと肩をたたかれた。「お風呂屋のお坊ちゃん」。村でかつて米兵の相手をしていた女性だった。うれしそうに「今夜はごちそうするわ」と言った後、声音を変えて続けた。「だから、もうこの店には来ないでちょうだい」。女性の視線の先には男性。結婚したのだという。

山梨で米兵相手に仕事をしていたことを知られたくないのだろう。「あの日、自分が村から追い出そうとした彼女たちもまた、戦争の犠牲者だった。米兵に頭を下げてみじめな生活をしなければならなかった者が、より立場が弱い者をたたく。それがあの日の偽らざる状況だった」。

薄れるワンダラー時代

国内有数の保養地に

北富士演習場の米軍基地キャンプ・マックネアに常駐していた米海兵隊は1956年、その大部分が沖縄に移駐した。キャンプ・マックネアで働いていた日本人は職を失い、米兵を主客とするビアホールの廃業が相次いだ。

移駐時に5歳だった大森敏郎さん（71）＝山中湖村＝の家でも、ビアホール「リリー」をたたんだ。ウエートレスとして働き、米兵を相手にしていた女性も村を去った。残されたのは無用の長物となったダンスホール。広さ10メートル四方の薄暗いホールの片隅に、テーブルやいすが積み上げられた。ほこりをかぶった天井のミラーボールを見上げながら、この先どうするのかと、子供心に言いしれぬ不安を感じた。

50年の朝鮮戦争勃発で、キャンプ・マックネアは韓国側を支持する米軍の後方支援施設となり、移転直前には2千人が常駐していたとされる。周辺地域では、米兵を相手にするビアホールや女性が滞在する家が栄えた。酒を提供すれば1ドル、つまみを出して1ドル、米兵の送迎で1ドル。国家公務員の初任給が1万円に満たない時代に、360円の価値がある1ドル紙幣が飛び交った。「ワンダラー（1ドル）時代」と呼ばれる好景気が訪れた。

それだけに、撤退が地元に与えた衝撃は大きかった。「米軍がいなくなったら地域経済は立ちゆかなくなる」。周辺に懸念が広がり、店の改装費などで背負った借金の返済に苦しんだ住民もいた。だが、苦境は長くはなかった。高度経済成長の波に乗り、湖越しに富士山を望む村は企業の保養地として人気を集めた。ワンダラー時代の稼ぎも使いながら、競うように保養所を建てた。「米軍がいなければ」は杞憂に終わり、次第にその時代の記憶は失われていった。

大森さんは大学卒業後に旅行会社で働き始めた。住民の親睦旅行のバス車内で、あるとき米軍がいた時代が話題になった。普段は口が重い年寄りが、懐かしみながら語った。

かつて存在したビアホールやバーの屋号も次々と出て

きた。エピソードも満載だった。「一斗缶にドル札を入れて踏み付けるほどもうかった」「暴行事件はしょっちゅうあったけれど、日本の警察もＭＰもろくに取り締まらない」「アメリカ兵も朝鮮動乱の戦況次第でいつ前線に送られるかわからないから金遣いが荒い。最後になるかもしれない酒と女性を求めたということだ」。

ワンダラー時代の光と影。大森さんは逸話をメモし、米軍関係の飲食店や関係施設を書き込んだ地図を作った。ある年寄りの言葉が忘れられない。「米軍がいた時代は負の歴史。ただ、夜の店やら米軍相手の商売やらで飯を食っていたのは事実。正確に伝えていかなければならない」。大森さんは２０２１年、村教委にこれまで収集した資料を託した。「当時を生きた人たちの記憶を歴史として記録しなければ、正しく後世に伝えることはかなわなくなる」。

山中湖畔にあった米軍向け店舗を書き込んだ地図を前に語る大森敏郎さん　＝山中湖村

「山返せ」命懸けの抵抗

演習拡大 県全域で怒り

「富士を撃つな」「お山を返せ」。１９５５年5月、米軍が接収していた北富士演習場で、富士山の登山道上を飛ぶ長距離実弾演習に反対する住民集会が開かれた。シュプレヒコールが響き渡る中、ドン、という発射音と同時に揺れる大地。「米軍はえらいものを持ち込んだな」。県職員労働組合（県職労）の呼び掛けで集会に参加し、砲座近くに陣取った戸島保さん（93）＝甲府市＝は目をむいた。

北富士演習場への米軍基地キャンプ・マックネア開設から10年。52年のサンフランシスコ講和条約発効で日本の主権が回復した後も、米軍基地は残った。だが54年、船津口登山道が閉鎖され、登山バスや観光客の通行まで禁じられたことで、住民の不満が噴出。「戦争に負けたのだから」という諦念は「戦争に負けたとはいえ」という反発へと裏返った。

55年、吉田口登山道よりも東側で行われていた演習が、精進湖や本栖湖周辺まで拡大されると、それまで立ち入りに支障がなかった周辺一帯の住民も猛反発し、怒りは全県へと広がった。「いくら戦争に負けたって、富士山が米軍の演習場になるなんてばかなことがあるか、という嫌悪感があった」と戸島さん。「戦地で行動を共にした友を失った世代が働き盛りのころ。腹の中でアメリカのやろう、と思っている人は多かった」。

時を同じくして、核弾頭搭載可能な７６２ミリロケット砲「オネスト・ジョン」が日本に持ち込まれ、北富士演習場が発射実験の候補地となる可能性が浮上した。広島、長崎への原爆投下の記憶が強く残る中、県議会は「岳麓が原爆兵器の基地になる」として持ち込み反対を決議。だが、米軍は11月7日、初のオネスト・ジョン試射を強行する。

当日、着弾地近くにある忍野村忍草では全戸参加の反対集会が開かれた。当時学生だった渡辺俊忠さん（85）＝忍野村忍草＝はキャンプ・マックネアのゲート前に座り込んだ。銃を構えた米兵の後方に広がる演習場の草むらから立ち上ったのは白い煙。枯れ草に火をつけ、着弾地に人がいることを知らせて射撃を阻止しようとする住民たちの命懸けの行動だった。

秒読みは何度も中断され、この日は1発が撃ち込まれて終わった。渡辺さんは語る。「やせた火山灰土壌は草を入れて畑を肥やさなければ作物が育たない。暮らしは富士北面の草木に依存していた。だから皆、必死だった」。

オネスト・ジョン使用を巡る反対集会が開かれた場所で「村ぐるみの抵抗だった」と語る渡辺俊忠さん　＝山中湖村

富士山の登山道上を飛ぶ長距離実弾演習に対する反対集会で、米軍将校と問答する参加者（1955年5月、富士北麓）

オネスト・ジョンは翌56年初めにかけて計6回発射され、同年3月、山梨の米海兵隊の大部分は米国統治下にあった沖縄に拠点を移した。県職労の運動史には、県を挙げての反対運動が「米軍の主力部隊を引き揚げさせた」と記録され、組合員らの間では「基地闘争の成果だ」と語られた。

72年に沖縄が日本に復帰してから約20年後。戸島さんは沖縄戦で亡くなった学徒や山梨県人の慰霊碑を訪ねるため、初めて沖縄に足を運んだ。街の中心部には高い金網と銃を提げた米兵。軍用機の爆音が家々の窓ガラスを震わせていた。

よみがえったのは北富士の記憶。「米軍がどこかに行ってほしいとは思った。だが『沖縄へ』と願ったわけではなかった」。眼前に広がる光景に、言いようのない重苦しさを感じたことを覚えている。

占領軍事件9352人被害

政府、17億4464万円支給　防衛省が文書公開

第2次世界大戦後、日本国内にいた占領軍の兵士らによる事件、事故の被害者は少なくとも9352人に上ることが防衛省への情報公開請求で分かった。調達庁（現防衛省）が、日本復帰前の沖縄を除く46都道府県を対象に実態調査を実施。占領軍による被害者への補償はなく、政府は法律に基づき1984年度までに17億4千万円を支給した。

山梨日日新聞の請求に対し公開された資料は、同庁が占領期間中の人身被害の実態を把握するため、59年4月～60年3月に行った調査に関する文書。占領軍の兵士や雇用されている日本人による事件と事故の被害者は、61年7月時点のまとめで9352人だった。

被害の内訳は死亡3903人、障害2103人、療養3346人。

同庁は占領期間中を5期に分けて発生時期を分析している。終戦後の45年9月～47年10月の被害者数が4276人で全体の半数近くを占めた。文書では「占領前期に集中的に発生している。被害の状況を見ると、当時は故意による事故が多く、不法射殺や暴行など刑事犯罪に属するものが多いところに戦争感情の余燼が強くうかがえる」などとした。

一方、調査が終戦から14年たって行われていることから、同庁は「権利放棄や示談などによって調査に現れない被害者のことを考えると、人身に与えた有形無形の損害は1万を越えているものと思われる」などと説明。把握できない被害者の存在も示唆した。

調査を受け、61年には被害者や家族の生活支援を目的とした「連合国占領軍等の行為等による被害者等に対する給付金の支給に関する法律」が成立。別の公開資料によると、被害者には61年度から84年度までに延べ2万4151件、計17億4464万円が支給された。

占領軍による人身被害を巡っては、被害者や自治体から「救済措置が不十分」との批判があり、全調達が58年に実態調査を実施。事件と事故の具体的な状況や、遺族の生活実態をとりまとめた。調達庁も、労組による実態調査や組合員からの働き掛けを受けて調査に乗り出した。

第2部

かすむ進駐の記憶

米軍を中心とした占領軍は戦後、山梨県の北富士演習場など本土の各地を接収して基地や演習場を設けた。周辺では事件や事故などの問題が起き、反対運動が激化。その後、米軍基地は本土復帰前の沖縄に集中していく。第2部「かすむ進駐の記憶」では、山梨近県の米軍基地の記憶をたどる。

烏帽子 大砲の標的に

サザンの海 残る爪痕

　富士山を望む神奈川県の茅ケ崎海岸沖に、その岩はすっと立つ。サザンオールスターズの「希望の轍」や「チャコの海岸物語」の歌詞に描かれた烏帽子岩。茅ケ崎の象徴である岩は戦後、米軍の大砲の標的だった。

　砲撃開始はいつも突然だった。ドンという音、体がぶるぶると震えるような地鳴り。烏帽子岩近くで漁をしていた石坂三郎さん（87）＝茅ケ崎市＝が砂浜に目をやると、戦車の影。砲口はこちらに向けられていた。近くにいたほかの漁師と顔を合わせて「逃げべえ」と互いに声を掛け、懸命に櫓をこいだ。

　中学校を卒業してすぐに漁師になった。岩礁が密集する烏帽子岩の近辺は、アジの好漁場。父親と海に出て、水平線が白むころから午後2時すぎまで糸を垂らせば、釣果が200匹になる日もあった。烏帽子岩の近海は、漁師にとって命の海だった。

　烏帽子岩を含む茅ケ崎海岸の一帯は戦後、米軍に接収されて演習場チガサキ・ビーチとなった。近くに駐屯していた戦車隊が大砲で狙ったのは烏帽子岩。1950年に朝鮮戦争が始まると演習は激しさを増し、日本の独立後も続けられた。沖縄に移駐する前の海兵隊など本土各地の米軍がチガサキ・ビーチを訪れた。

　演習で水揚げはがくんと落ちた。朝早く海に出ても、大砲の音が聞こえれば帰港しなければならない。度重なる射撃で烏帽子岩は、日に日に小さくなった。ある日、石坂さんと漁師仲間で話題になった。「エボシの頭がな

戦争と茅ケ崎海岸

　戦前は日本軍が辻堂演習場を設けて演習を行い、戦後は米軍に接収されて演習場チガサキ・ビーチとなった。米軍は1946年10月の大規模演習を皮切りに、砲撃や爆撃、上陸演習などを実施した。米軍は戦中の沖縄戦後に計画した関東地方に侵攻する「コロネット作戦」（46年3月実施予定）で、湘南と千葉県の九十九里浜を上陸地点とし、湘南では茅ケ崎海岸を想定していた。日本がポツダム宣言を受諾し、本土決戦の地とはならなかった。

神奈川県の茅ケ崎海岸沖にある烏帽子岩。戦後、米軍は岩を狙って砲撃演習をした

くなっちまった」。象徴の先端部が欠けていた。
烏帽子岩の欠損は、漁師にとっては一大事だった。漁

大正末から昭和初期の烏帽子岩。砲撃演習によって先端部などが欠損する前の姿（和田治彦さん所蔵、茅ケ崎市提供）

場の位置を確認するための測量「山立て」で、烏帽子岩はなくてはならない目印。少し欠けただけでも、洋上では居場所が大きくずれる。

石坂さんは、米兵には悪い感情を持っていない。砲撃の射程範囲から逃げ切れなかったとき、上陸用舟艇で安全な場所まで釣り舟をえい航してくれたこともあった。だが、生活がかかっているとなれば話は別。「『漁師は一度ばかにされたら一生ばかにされる。意地を張って漁師をやれ』というのが親父の口癖。必死で見つけた漁場の位置が分からなくなれば、おまんまの食い上げだ。黙っているわけにはいかなかった」。

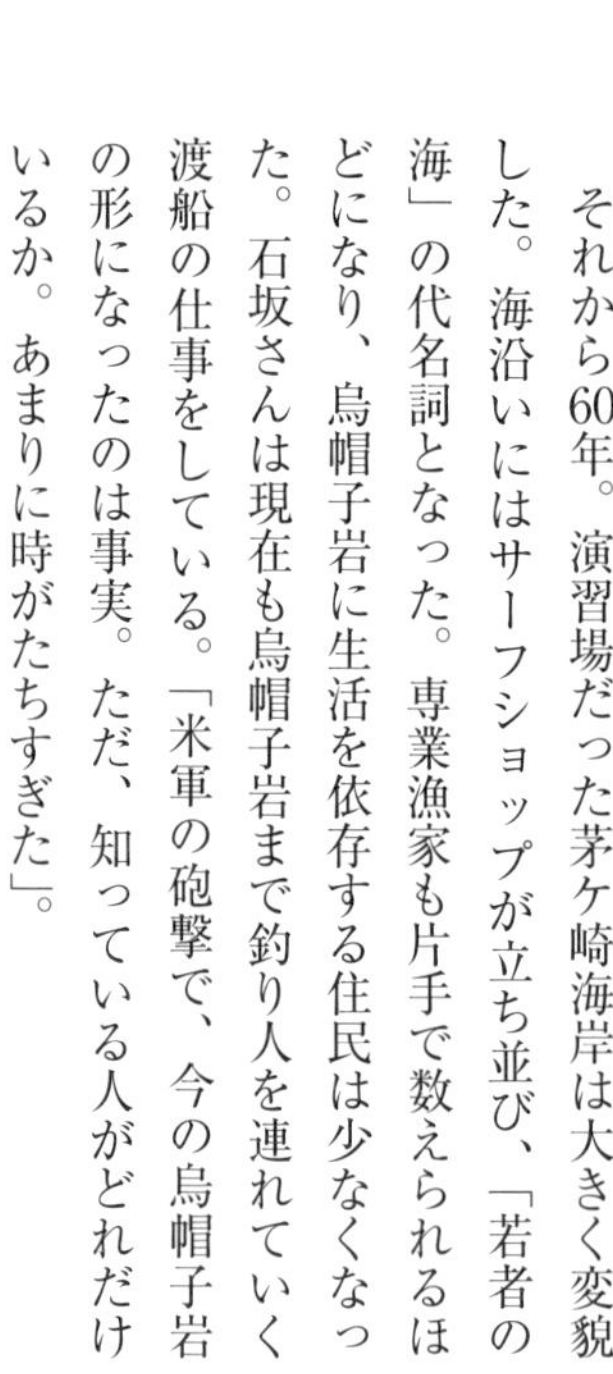

茅ケ崎海岸で米軍の戦車を見ながら話をする米兵と漁師（1949年2月、米国立公文書館所蔵、茅ケ崎市提供）

地元の茅ケ崎漁協は53年、「射撃目標であるうば島（烏帽子岩）の崩壊は漁業船帰航目標を失し、遭難の原因になる」「磯魚は崩壊や岩石で繁殖せず」と烏帽子岩の写真付きで、米軍の演習中止を市長に要請した。

反発したのは漁師だけではなかった。演習場周辺の治安や風紀の乱れに、親や教師も声を上げた。さらに核搭載可能なロケット砲「オネスト・ジョン」の発射実験が行われるといううわさが、市民感情に火を付けた。反発を受けて米軍は烏帽子岩を狙う射撃の中止を表明。59年6月、チガサキ・ビーチは返還された。

それから60年。演習場だった茅ケ崎海岸は大きく変貌した。海沿いにはサーフショップが立ち並び、「若者の海」の代名詞となった。専業漁家も片手で数えられるほどになり、烏帽子岩に生活を依存する住民は少なくなった。石坂さんは現在も烏帽子岩まで釣り人を連れていく渡船の仕事をしている。「米軍の砲撃で、今の烏帽子岩の形になったのは事実。ただ、知っている人がどれだけいるか。あまりに時がたちすぎた」。

占領軍事件　全国で

戦後、北富士演習場があった山梨だけではなく、全国で占領軍による事件や事故が相次いだ。独立後は、航空機の騒音など日常生活への影響から基地反対運動が拡大。本土から沖縄に基地が集中する動きにつながったとの指摘がある。占領軍被害に関する調達庁（現防衛省）の労働組合「全国調達庁職員労働組合」（全調達）の調査などから、全国各地で起きた事件と事故、反対運動の歴史を振り返る。

調達庁の調査では、沖縄を除く46都道府県で占領期間中に9352人の被害者が確認されている。占領軍から補償がなかったことに加え、1952年に日本の主権が回復した後も各地で重大事案が相次いだことから、反米感情は増幅を続けた。

調達庁は占領軍による人身被害への救済を目的として、59年4月〜60年3月に実態調査を実施。総数は9352人で、被害の内訳は死亡3903人、障害2103人、療養3346人だった（46ページ参照）。

日米相互の相手国への感情が悪化していた戦後を中心として、悲惨な事件が相次いだ。全調達が行った調査によると、45年12月に大阪府の男性が米兵に草刈り鎌で頭を切られて殺害される事件が発生。47年8月には、東京都の男性が立川基地で米兵に銃で撃たれて死亡した。

大分県では45年9月、漁をしていた男性が米軍機のプロペラで頭部を切られて死亡したとみられる事案が発生。ひき逃げ事件や交通事故も全国で相次いだが、米軍や米国から補償はなく、日本政府が肩代わりする形で給付金を支給した。

日本の独立が回復した後も事件、事故が続発した。57年1月には群馬県の演習地で薬きょうを拾うために立ち入った女性を、米兵が背後から射殺する「ジラード事件」が起きた。米兵は傷害致死罪で執行猶予付き判決を受けた。94年には、日本の裁判権を認める代わりに、殺人罪ではなく傷害致死罪で起訴するなど日米間で密約があったことが、米国外交文書で明らかになった。

富士吉田市はジラード事件を受け、57年3月の広報紙に「最近群馬県相馬ケ原演習場に於て不詳事件の発生を見るに至ったことは、極めて遺憾」と記述。米軍の管理下にあった北富士演習場への立ち入りについて、市民に注意を呼び掛けた。

同年8月には茨城県で、米軍機が低空飛行により、自転車に乗っていた母子を死傷させる「ゴードン事件」が発生。いたずらで低空飛行し、住民を驚かす事案が以前からあったため、地元は「意図的な事件だ」と反発した。米国は「公務中の事案」を主張し、日本は裁判権を放棄した。

本土復帰前の沖縄では、55年9月に6歳の少女が米兵に暴行され、殺害される「由美子ちゃん事件」が発生。軍法会議で死刑判決が言い渡されたが、後に減刑された。※以下は全調達の調査による。地名は現在のもの。

①北海道▼1946年2月3日午後7時ごろ　小樽市の男性（14）が勤め先である小樽駅前のダンスホールで、米兵が撃った流れ弾に当たって死亡した。ダンスホールが休業中であることをめぐって米兵と軍警（MP）が口論となり、米兵が事務室に3発発砲。うち1発が男性の胸に当たった。母親は全調達の調査に「駆け付けた時は出血のため顔は蠟人形のようでした。突然の出来事で涙も出ず、ただ呆然として当時のことは判明しません。町を歩いて居りまして同じ年頃の子供さんに会いますとみんな子の顔に見え、いまだ丈夫で居ったらと」などと答えた。

②青森県▼1945年12月22日午後9時ごろ　八戸市の男性（21）が市内の路上で、占領軍が設けた基地キャンプ・ホーゲンのMPに胸を撃たれて死亡した。男性は友人の家から帰宅する途中、酒に酔ったMPと通行人が口論する場に遭遇。MPが発砲した弾が男性の胸に当たった。父親は全調達の調査に「長男は戦死、次男は病死、三男はその事故により死亡。私は病気で働くことができず、母も心労やら私の看病やらで健康状態が優れず、四男が水産加工でどうやら生活している程度。戦争に負けたとはいえ、その憲兵（※ここでは米MPのこと）は罪にならなかったものでしょうか。私は今までこのことを心から聞いてくれる人がないものかとそればかり気にしていました」などと答えた。

③宮城県▼1946年4月28日午後4時ごろ　仙台市の女性（17）が市内の茅葺きの石炭店近くで、占領軍兵士に強姦され、殺害された。女性の家は父親が戦前に亡くなり、女性が働いて9人家族の生計を立てていた。

④山形県▼1945年12月6日午後3時ごろ　野菜の買い出しのために荷車を引いていた山形市の男性（57）が市内の路上で、米軍のトラックにはねられ、頭や胸を強く打って死亡した。トラックは逃走。息子は全調達の調査に「駆け付けた警察はただ一応現場を調べ、目撃者の話を聞いただけで何の力にもなってもらえず。トラックは一瞥も与えず走り去る。全く一匹の虫けらのごとく押しつぶされ、文句の付け所もなくただただ憤怒のやり場に困りました。あんなに元気で出掛けた父、そのむくろにすがって無力な警察力、敗戦のみじめさに涙するばかりでした」などと答えた。

⑤茨城県▼1950年7月20日

◎62ページに詳述。

⑥栃木県▼1950年6月23日午後

3時ごろ　宇都宮市の男児（8）が市内の路上で、米兵が運転する車両にはねられて死亡した。男児は小学校から帰宅する途中。車両は現場をいったん離れた後、男児を病院に搬送。家族はその後、米兵とは会っていない。父親は全調達の調査に「駆け付けた時は子供は血と泥にまみれ、全く即死状態の人事不省に陥り、周囲に人だかりがあるのみでした。灯のような存在であった子供をひき殺されたときの悲憤は筆舌に尽くされません。加害者より葬式にも花一輪の手向けを受けるでもなく、野辺の送りを済ませました。終戦後といえども戦争による間接の犠牲かと、ただ諦観するほかなく」などと答えた。

⑦埼玉県▼1951年10月7日午前9時ごろ　さいたま市の男児（11）が市内の道路で、米軍属の日本人とみられる人が運転する車両にはねられ、頭を強く打って死亡した。この日は山梨県甲府市の祖父が男児の家を訪れる予定で、男児は散髪のため理容店に行った帰りだった。父親は全調達の調査に「年をとるも忘れ去るを得ず。この事故がどういう方法で処理されたか知りたい」などと答えた。

⑧千葉県▼1950年2月23日午前9時50分ごろ　大網白里市の女性（62）が市内の路上で、占領軍の車にはねられ、頭を強く打って死亡した。兵士は女を車に乗せて病院に搬送し、死亡後は女性を置いて去った。夫は全調達の調査に「駐留軍の冷淡なる態度には遺族として憤慨せざるを得ません」などと答えた。

⑨東京都▼1947年8月20日午後5時ごろ　杉並区の男性（41）が立川市の立川飛行場で、米兵に銃で撃たれて死亡した。男性は駐留軍プールの荷物を預かる仕事をしていて、帰る途中で立ち入り禁止区域に入り、米兵に呼び止められた。言葉が通じず、そのまま通り過ぎようとしたところ、頭を撃たれた。男性は倒れたところをさらに銃で殴られ、3時間後に病院で亡くなった。妻は全調達の調査に「子供たちが気掛かりだとの遺言だけを医者に聞かされてただ唖然とし、あまりにも変わり果てた姿に敗戦国民の情けなさと、米軍の仕打ちを憎んでやまない気持ちでいっぱいでした。その後幾度も代議士に補償を頼んだが、音沙汰がありません」などと答えた。

⑩神奈川県▼1945年10月17日午後4時ごろ　横浜市神奈川区の道路で男児（8）が米軍の小型四輪駆動車にはねられて死亡した。車は逃走。家族は全調達の調査に「顔を見るまで本当だと信ずることができま

せんでした。もうこの広い地上にはいないのだということが頭の中をぐるぐる回るのみ。父親は一晩抱いて寝るのだと冷たくなった子をどうしても離さず泣き明かしました。お棺に入れようとすると、一緒に入るのだと人前も構わずぼろぼろ泣いた姿は……。何事にも弱音を吐いたことのない父もさすがに自分を失ってしまったのでしょう」などと答えた。

⑪富山県▼1949年7月2日午後5時ごろ　富山市の男児（5）が米軍の車両にはねられて死亡した。米兵は事故後、通訳を伴って遺族宅を訪れ、1万円を置いていった。父親は全調達の調査に「子供一人殺してなんと1万かと思いました」などと答えた。

⑫石川県▼1948年7月8日　白山市の男性（54）が市内の道路で、占領軍の兵士が運転する小型四輪駆動車にはねられて死亡した。男性は自転車のチェーンの修理中だった。中学3年生だったという息子は全調達の調査に「私も母も死に目にあっていません。残った私と母は途方に暮れました。私は学校をやめ、わずかの田んぼを母と二人で耕し、ほそぼそと暮らしてきました。いっそ戦争にでも行って死んだのならあきらめもつくし、恩給も出る。私どもは誰一人としてお参りもなにもしてくれません」などと答えた。

⑬長野県▼1949年4月2日午後2時ごろ　長野市の男性（56）が占領軍の小型四輪駆動車にはねられ、亡くなった。男性は車で病院に搬送されたが、午後10時ごろに死亡。

⑭岐阜県▼1946年10月　岐阜市の少年（8）が市内の路上で占領軍の車両にはねられた。学校から帰宅し、友達と遊びに行く途中だったという。少年は半年間入院。母親は全調達の調査に「被害者は左足の指がだめになって、げたはもちろんつっかけなどもはくことができません。靴も特別に注文しないとはくことができず、冬になれば足が病んで仕事ができません。加害者が木炭1俵見舞いに持ってきたなりでした。米軍中尉であったと思います。主人も亡くなって間もない時であり、死ぬ思いをしました」などと答えた。

⑮静岡県▼1946年1月18日午前11時半ごろ　静岡市の男性（42）が磐田市の路上で、占領軍の大型トラックにはねられた。男性は左手の骨を折るけがを負い、障害が残った。男性は全調達の調査に「あらゆる手当てを致しましたるも左手不能となり、当時7人の子どもを抱えてのこととて親類縁者に頼り尚段々と借金は増える一方。ついに家と屋敷を人

手に渡す羽目に陥り、現在は静岡市に間借りして生活。妻は家政婦として本人は片手で牛乳配達をして居る状況であります」などと答えた。

⑯愛知県▼1946年12月26日午後4時ごろ　瀬戸市の男性（27）が安城市の踏切で、米兵に暴行されて頭や胸の骨を折るけがを負った。自転車で友人宅に向かう途中、複数の米兵に遭遇。兵士から「ハロー、シガレット」と声を掛けられたことから、たばこを買えという意味と思い、「ノー」と断ったところ暴行された。男性は全調達の調査に「どうなったのか全然覚えはありません。気がつくと真っ暗で自分は血だらけです。その時の傷で記憶力や計算などに障害があり、妻の親元に毎月金銭の負担を掛けている始末」などと答えた。

⑰三重県▼1949年4月9日午後2時ごろ　津市の男児（3）が市内の路上で、米兵の妻が運転する車にはねられて死亡した。父親は全調達の調査に「運転手の責任だと警察方面などに食い下がりましたが、加害者が警察方面の上司であり、敗戦国として我慢してくれと頼まれて終わりました。敗戦国の惨めさを痛切に味わいました。加害者に補償を要請しましたが、収入がないの一点張りで不調に終わりました」などと答えた。

⑱滋賀県▼1949年10月20日午前8時ごろ　大津市の女児（10）が米軍の車にはねられて右足や顔に重傷を負った。父親は全調達の調査に「今は年頃の娘になりうまく座ることができない。生活が苦しく養生費に困り、最後の手段として家敷地を手放し、その金で入院費に充てました。政府の方からは何の音沙汰なしでとりつくところがなく思案に暮れました」などと答えた。

⑲大阪府▼1945年12月4日　大東市の男性（46）が、米兵に草刈り鎌で頭を切られて殺害された。米兵は男性の近所の日本人女性宅に通っていて、当日は女性がいなかったことから男性宅を訪れて酒を要求。酒を提供した後、男性が米兵を送っていったまま帰らないことから、家族が不審に思って捜しに行き、男性の遺体を発見した。妻は全調達の調査に「当時、私は13歳を頭に5人の子供を抱えておりましたので、まず第一に女手でこれから先どうして生活をして育てていこうかと思案し、それこそ闇夜に放り出されたような気持ちになり、それからは死にものぐるいの生活でありました」などと答えた。

⑳兵庫県▼1946年9月24日午後3時ごろ　神戸市の男性（45）が市内の路上で、占領軍のトラックには

ねられて死亡した。男性は自転車に乗っていて、後進してきたトラックと衝突。トラックは逃走した。妻は全調達の調査に「全く途方に暮れてしまった。知人が警察の方とも運動をしてくれたが、全然だめだった。いくら恨んでも恨みきれない加害者こそあの兵である」などと答えた。

㉑広島県▼1948年9月17日午後5時ごろ　廿日市市の女児（3）が自宅前の路上で占領軍のトラックにはねられて死亡した。女児は子ども数人で遊んでいて、車にはねられた。

㉒山口県▼1948年12月21日午後5時ごろ　防府市の男性（62）が米兵3人に暴行を受けた。男性は市内の材木置き場で米兵3人に現金を強奪され、前歯5本を折られ、胸に大けがを負った。男性は3年後に死亡した。妻は全調達の調査に「子供2人は兵隊で満州より帰国したばかりで、苦労と悲しみは言葉に言い得ぬ苦しみでした。現在も生活難に追われています」などと答えた。

㉓福岡県▼1945年11月12日午後5時ごろ　添田町の二又トンネルで、爆発事故が発生した。陸軍がトンネル内に隠していた火薬の焼却処理を、占領軍が行っていて爆発。トンネルが貫通していた円山は吹き飛ばされた。近くの落合集落が被害を受け、147人が死亡。この事故で両親ときょうだい4人を亡くし、自らも足にけがを負った女性（13）は全調達の調査に「父、母、弟、妹ともに避難をしようと裏山の方に出たが逃げ得ずに全員埋没死亡しました。私はちょうど隣の家に遊びに行っていて、家の下敷きになりましたが、幸いにして助かった。危険がないとのことであり、避難の指示もないので付近のものは田に出て仕事をして居た者もあり」などと答えた。

㉔佐賀県▼1947年12月29日午後3時15分ごろ　吉野ケ里町の男性（47）が後方から来た占領軍車両にはねられて死亡した。妻は全調達の調査に「満州から引き揚げて開拓団に入植したばかりで、16歳の長男以下4人の子供があり、縁故者とてなく、大衝撃を受け、ただ呆然としておりました」などと答えた。

㉕長崎県▼1946年2月22日午後3時ごろ　東彼杵町の男児（10）が町内の道路で、占領軍の小型四輪駆動車にはねられて死亡した。母親は全調達の調査に「当時は占領下にあって被害の訴えも出来ず。現在も子と同年の青年を見ては、また、農事に身体に疲労を覚える時、あの子が居ればと年増すごとに思う日が多いものです」などと答えた。

㉖熊本県▼1949年4月　熊本市

の男性（21）が勤務先からの帰り道、占領軍兵士に暴行を受け、前歯を折るなどのけがを負った。男性は弟と２人で自転車に乗っていて、米兵は自転車を押し倒して暴行。弟は逃げて父親に連絡した。暴行した米兵は不明。

㉗大分県▼１９４５年９月10日午後２時ごろ　佐伯市の男性（49）が名護屋岬の沖合で船に乗っていて、米軍飛行機のプロペラで頭部を切られて死亡したとみられる。男性はタイの一本釣り漁をしていた。船が帰ってこないことから家族が親族に捜索を依頼。帆柱が切られた船内で、顔と頭部がえぐられた男性の遺体が発見された。妻は全調達の調査に「毎日のように海上低空飛行をしていた米軍機は危険を感ずることがあった。しかし、すでに終戦後であり、漁師は漁猟に従事していた。飛行機のプロペラで死に至ったものでほかの企図して行われるような跡ではないことは、検視に立ち会った警察官や医師の意見。死体が家に運ばれて私は悲痛な有様に狂気せんばかり」などと答えた。

㉘鹿児島県▼１９４９年２月14日午後３時ごろ　鹿児島市の男性（37）が米軍が投下した焼夷弾４発の爆破作業中、１発が突然爆発して全身にやけどを負った。爆破作業には占領軍兵士と警察官が立ち会っていた。男性は全調達の調査に「病院に連れていかれたときは仮死状態で意識はありませんでした。病院に入院して治療を受けましたが、５カ月ぐらいして経済的な理由で（山林畑地を売却したが、不足した）全治しない中で退院しました。作業要員として招集されたが無償で日当は受けておりませんでした」などと答えた。

農家や漁民抵抗　米、日本に圧力

全国の主な反対運動

米軍基地を巡り、１９５０年代に日本本土の各地で反対運動が展開された。農林漁業が盛んな時代で、住民にとって基地拡張のための土地接収や射撃訓練の強化は死活問題だった。なりわいと暮らしを守るため、民衆は激しく抵抗した。

基地闘争の先駆けとなったのは、石川県の「内灘闘争」。朝鮮戦争中の52年、米軍の砲弾試射場を整備するため、長い海岸線を持つ内灘村（現内灘町）の砂丘が利用されることになった。試射による騒音や振動、漁業への影響、風紀悪化への懸念から地元は反対。漁民は「金は一年　土地は万年」と書いたむしろ旗を掲げて抵抗した。射撃訓練は57年に終わり、土地は村に返還された。

東京都砂川町（現立川市）では55年から、米軍飛行場拡張のため農地を接収する計画に反対する「砂川闘争」が展開された（64ページ参照）。農家は「土地に杭は打たれても、心に杭は打たれない」を合い言葉に対抗。測量の実施を巡って、農家や支援する学生と警官隊が衝突する事件も発生した。

57年の測量では基地内に立ち入った学生や労働組合員が起訴され、一審では「駐留米軍の存在は違憲」とする趣旨の「伊達判決」が示された。上告審は原判決を破棄。当時の駐日大使は破棄を狙い、日本政府に圧力をかけたり、最高裁長官と会談したりしていたことが後に判明した。

北富士演習場では実弾射撃訓練の強化や核搭載可能なロケット砲「オネスト・ジョン」の試射に反発する動きが拡大したほか、岐阜県の米軍基地キャンプ・岐阜を巡って岐阜大の学生らが反対運動を展開した。長野県と群馬県にまたがる浅間山にも米軍演習地を整備する計画が浮上したが、地元の反対運動を受けて中止された。

東京都砂川町の上空を飛ぶ米軍機。米軍立川基地拡張を巡って地元住民が反対運動を展開した（１９５５年９月13日、共同通信提供）

識者に聞く

関東学院大教授

林博史さん

「反米」懸念 沖縄に集中

戦後、北富士演習場の米軍基地キャンプ・マックネアなど本土の各地に駐留していた米海兵隊は、朝鮮戦争の休戦後、沖縄に移駐した。米軍専用施設の7割が沖縄に集中する現在の基地配置の「原形」は1950年代に形成されたとされる。米軍基地の歴史に詳しい関東学院大教授の林博史さんは「本土での基地反対運動が決定的となり、米統治下の沖縄に基地が集中する結果をもたらした」と話す。

米軍は陸海空軍と海兵隊で構成される。このうち海兵隊は朝鮮戦争の勃発後、キャンプ・マックネアや岐阜県のキャンプ・岐阜、大阪府のキャンプ・堺など本土の各地に駐留した。

本土から沖縄への移転の理由について、林さんは「本土での米軍基地反対運動が最大の要因だった」との見方を示す。「50年代の反米基地運動は生活を守るための民衆の抵抗だった。米兵による事件や事故といった治安の悪化や風紀の乱れ、生活の場を奪われたことへの反発が日本各地で広がった」。

54年3月には米国のビキニ水爆実験で、静岡県焼津市の遠洋マグロ漁船「第五福竜丸」などが被ばくする事件が発生。「事件を契機として原水爆禁止運動が始まった。冷戦下であり『米軍と行動をともにすれば核戦争に巻き込まれるかもしれない』という懸念も拡大した」（林さん）。

54年8月、米国防長官は本土にあった第3海兵師団と支援航空部隊の沖縄移転を承認。アリソン駐日大使は55年5月、ダレス国務長官宛ての電報で地上軍の撤退が望ましいとした上で「最近の富士の事件のような深刻な基地問題や、多数の部隊が日本に駐留することから生じる避けがたい摩擦を和らげることになるだろう」と説明した。第3海兵師団の司令部は56年に現在の沖縄県うるま市にあるキャンプ・コートニーに移った。

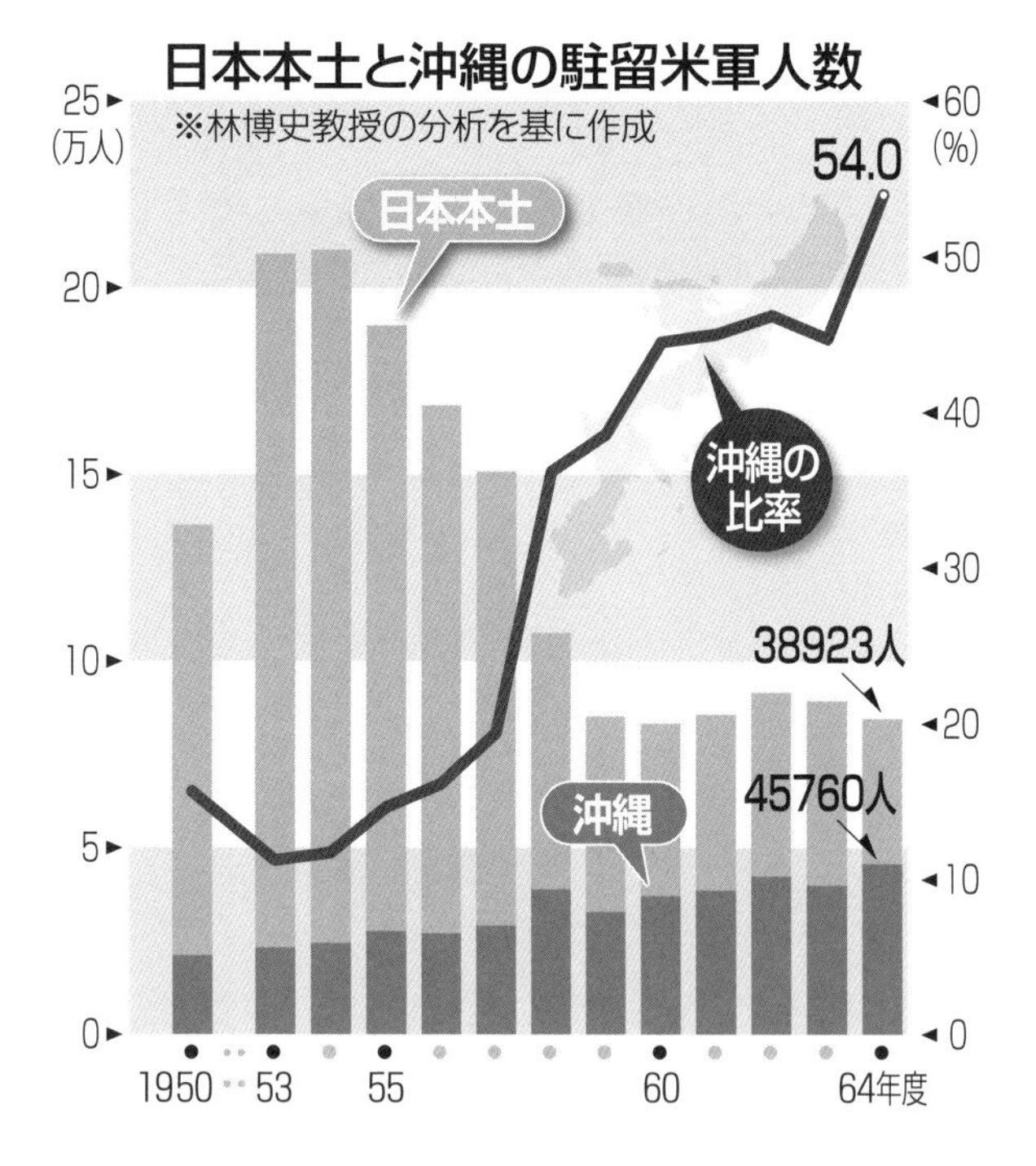

林さんは「反米的な動きが日本で広がることを米国も懸念していた。米軍が沖縄に集中することへの反発も想定されたが、本土に比べれば直接統治していた沖縄の方が反対運動を制御しやすいとの思惑が働いたとみられる」と語る。

1955年11月7日、静岡県の東富士演習場から北富士演習場に向けて核搭載可能なロケット砲「オネスト・ジョン」が試射された。写真は同年12月21日に山梨で強行された発射実験（共同通信提供）

負担を押しつけられる形となった沖縄では、北部訓練場やキャンプ・ハンセンなどの演習場や基地の拡張・新設が行われた。また、林さんの分析では、米軍兵士数をベースとした沖縄の負担割合は50年度に15・6％（本土11万5306人、沖縄2万1248人）だったが、64年度には54・0％（本土3万8923人、沖縄4万5760人）に上昇した。

沖縄の米軍専用基地面積、軍人数は現在、日本全体の7割を占める。

林さんは「民主党政権下での問題提起を最後に、沖縄の基地負担をどう軽減するか新たな議論は進んでいない。背景には本土側の無関心もある。米軍基地は主権に関わる問題で、沖縄など基地がある地域だけではなく、誰もが関心を持つ必要がある」と話した。

「本土での反対運動を受ける形で、米軍基地は沖縄に集中した」と話す林博史さん＝東京都内

はやし・ひろふみさん　関東学院大教授。著書に「米軍基地の歴史」「暴力と差別としての米軍基地」「裁かれた戦争犯罪」など。66歳。

女児に銃弾 相次ぐ惨事

ネモフィラの名所は演習地

夏らしい青空が広がっていた1950年7月20日、太平洋に面した茨城県の阿字ケ浦海水浴場は突如、喧噪に包まれた。海のすぐそばの黒沢一さん（90）＝同県ひたちなか市＝の家に運ばれてきたのは、血まみれの女の子。近所の小学3年、黒沢嘉代子ちゃんだった。米軍機の銃で撃たれたという。「痛いよう」と大粒の涙を流す嘉代子ちゃん。右脇腹の血が止まらない。「頑張れ、大丈夫だ」と励ましつつもどうにかなるとは思えず、一さんは小さな顔を正視できなかった。

次の日、嘉代子ちゃんは9歳で生涯を閉じた。

学校行事で海を訪れていた嘉代子ちゃん。波打ち際で遊ぶ子どもたちの上で、近くの米軍飛行場から飛び立った米軍機が射撃演習をしていた。水着の砂を洗い流している最中に、機銃の弾が体を貫いた。父親は全調達の調査に「米軍機が浴場に発砲し、其の流れ弾にあたりました。その時あたりの人はくもの子を散らした如く。生徒、乗り物、売店等あったのです」などと答え、やるせなさをにじませた。

嘉代子ちゃんは5人きょうだいの次女として生まれた。姉の大和田はるえさん（84）＝同市＝にとっては、かわいい妹だった。サツマイモ入りのご飯から嫌いなイモだけよけて食べ、母親によく叱られた。それでも平気な顔。愛嬌があって、家族みんなに大事にされた。

荼毘に付された日のことは忘れられない。墓地に納骨した後、母親は腰から崩れ落ち、墓石にしがみついて娘

水戸対地射爆撃場

米軍が戦後、現在の茨城県ひたちなか市にあった日本軍の水戸飛行場を接収して使用した射爆撃場。軍用機による射撃や爆弾投下訓練が行われた。1957年には低空飛行をしていた米軍機が自転車と接触し、自転車に乗っていた母子が死傷する「ゴードン事件」が発生。公務中だったことから、日本が裁判権を放棄する形となった。地元の反対運動を受けて73年に日本に返還され、跡地利用の一環として91年に国営ひたち海浜公園が開園した。

の名を叫びながらおんおんと泣いた。嘉代子ちゃんは亡くなる前に何度も「水を飲みたい」と訴えたが、命を縮めることになると医師に制止された。母親は「水の1杯もやれずに殺してしまったひどい親だ」と自分を責めた。

日本軍が阿字ケ浦海水浴場近くに建設した水戸飛行場は戦後、米軍により水戸対地射爆撃場として使われた。機銃による射撃訓練、爆弾の投下訓練。住民のことなどお構いなしに、毎日のように演習が行われた。

犠牲も被害も絶えなかった。サツマイモを掘っていた子どもが誤射される事故、模擬爆弾の生活道路への落下。飛行機の爆音で乳牛から乳が出なくなり、学校の授業も滞った。住民は立ち上がった。「おれたちは標的ではない」と書いた板を掲げ、演習中止や返還を求める県ぐるみの反対運動が展開された。

水戸対地射爆撃場は73年に返還され、跡地には国営ひたち海浜公園ができた。春には空色のネモフィラが海風に揺れる公園に、米軍基地の影は見えない。かつて基地被害に苦しんだ事実は、歴史の一ページとなりつつある。

だが、家族にとっては鮮烈な記憶のままだ。嘉代子ちゃんが生まれたのは、41年12月8日。真珠湾攻撃の日だった。大和田さんは言う。「開戦とともに生まれてやっと戦争が終わったと思ったら、5年もたって9歳で米軍に殺されて。妹はまぎれもなく戦争の、時代の犠牲者なんです」。

嘉代子ちゃんが亡くなった海水浴場の近くには、戦没者慰霊碑が立つ。そこには戦死した人たちとともに、嘉代子ちゃんの名も刻まれている。「『終戦の日』に戦争が終わったわけではない」。家族と地域の訴えを、石碑は今に伝えている。

黒沢嘉代子ちゃんが米軍機に撃たれた海水浴場で、当時の状況を話す姉の大和田はるえさん
＝茨城県ひたちなか市

黒沢嘉代子ちゃんの写真。七五三の時に撮影された

農地守れ 町一丸で闘争

東京・立川に「軍都」

19歳の誕生日の出来事は、忘れられない。1957年7月8日、東京都の米軍立川基地の北側にある砂川町（現立川市）の農地に立っていた。基地拡張反対の農家による「砂川闘争」が始まって2年。その日は基地内で測量が予定されていた。大学生で運動を支援していた島田清作さん（83）＝同市＝は仲間と柵を押し倒し、警察ともみ合いになった。

戦中戦後に、多感な時期を過ごした。兵庫県西宮市に生まれ、小学1年の時に映画「火垂るの墓」で描かれた神戸空襲や西宮空襲を間近で体験。東京の高校に入る54年に、米国の水爆実験で漁船が被ばくする「第五福竜丸事件」があった。55年には砂川闘争が始まった。

闘争のきっかけは、南北に走る滑走路の延伸に伴う基地拡張計画。北側にある砂川町の農地が買収対象となった。農家は反対同盟をつくり、当初は町長や町議も抵抗する町ぐるみの運動になった。

島田さんは高校のサークル活動の一環で、開墾農地を江戸時代から守り継いできた農家に話を聞いた。米軍は戦後、日本軍施設を接収し、周辺の農地を奪って基地を拡張した。農家は「ブルドーザーで畑を踏みつぶされ、銃を持った米兵には反抗できなかった。先祖代々の土地を二度と奪われるわけにはいかない」と話した。「困っている人たちのために何かしたい、という素朴な思いから運動に参加した」（島田さん）。

米軍立川基地

日本軍が１９２２年、現在の東京都立川市に飛行場を建設。戦後は米軍が接収して米軍立川基地となった。55年に発表された基地拡張計画に、旧砂川町の住民が反発。「土地に杭は打たれても、心に杭は打たれない」を掲げた反対運動「砂川闘争」が展開された。57年7月には測量に反対して基地内に入った学生らが刑事特別法違反罪で起訴される事件があり、一審は「米軍駐留は違憲」とする趣旨の無罪判決を言い渡した。上告審は原判決を破棄。米軍は68年に拡張計画中止を発表し、基地は77年に返還された。跡地は国営昭和記念公園や商業施設となっている。

基地のすぐ北側に畑と家があった福島京子さん（72）＝同市＝にとって、幼少期は不思議なことだらけだった。サツマイモ畑の端は米軍基地との境界。フェンスの向こうにはカラフルなアメリカ車が走っていた。巨大な飛行機が、耳をつんざくような音と爆風を伴って飛び立つのが見える。「なぜあっちはきれいなのだろう」「どうしてあんなに大きなものが空を飛ぶの」。もう一つは「アメリカのために日本人がけんかするのは、どうして」だった。

父の宮岡政雄さんは、反対同盟副行動隊長。住民や学生と警官隊は、福島さんの畑でも衝突した。じかに見ることはなかったが、割れたイモが顔を出し、靴や折れた棒が散乱する畑を見れば、どれだけひどいことがあったのか分かった。

砂川闘争の歴史を刻んだ石碑「平和之礎」の傍らに立つ福島京子さん
＝東京都立川市

衝突、土地収容、裁判――。米軍基地拡張を巡り、国民同士が争った。最後まで首を縦に振らなかったのは23戸。68年に米軍が計画中止を発表、基地は77年に返還された。

運動は幕を閉じたが、宮岡さんは「米軍基地問題が終わった」とは考えなかった。特に目を向けたのが、沖縄だった。「銃剣とブルドーザー」と呼ばれる50年代の強制的な土地接収、住宅地にあり「世界一危険」と言われる普天間飛行場。「かつての砂川と重なったのだろう。父は『拡張を阻止した砂川の闘いは励みになるはずだ』と口癖のように言い、沖縄の人たちと交流を続けた」（福島さん）。

しかし、反対運動の記憶は薄れつつある。ＪＲ立川駅周辺に「軍都」と呼ばれた街の面影はない。「米軍基地時代は負の歴史。忘れようとする力のほうがはるかに強い」と福島さんは言う。闘争が始まって20年たった75年、砂川の歴史を刻んだ石碑「平和之礎」が畑に建てられた。「米軍基地問題に苦しんだ歴史が本土にもあった」。父の思いをどう伝えていけばいいのか。かすれつつある碑文を前に、今も考え続けている。

ひき逃げも泣き寝入り

米軍車両行き交う御殿場

５歳の時に新しい運動靴をもらった。終戦から７年がたったとはいえ、まだ貧しく物がない時代。うれしくて、靴を履いて足をばたばたさせた。ただ今になれば、見ていた両親は複雑な心境だっただろうと、小野弘之さん（74）＝静岡県御殿場市＝は思う。靴は小野さんをひき逃げした米兵からの見舞い品だった。

小野さんは１９５２年２月14日午前９時ごろ、富士岡村（現御殿場市）の自宅近くの丁字路で米軍トラックにひかれ、頭に12針を縫うけがを負った。トラックは小野さんに接触し、家の石垣を壊し、現場から逃走。父親は全調達の調査に、目撃者の話として「自動車は前方１００米（メートル）先で止まったが、被害者を見て驚き、キャンプに向かう」などと答えた。

小野さんは４人きょうだいの末っ子。父親の復員後に生まれ、特別かわいがられた。わが子を傷つけられた父親はＭＰに掛け合ったが、犯人はすぐには分からなかった。事件の３カ月後、トラックを運転していた米兵が小野さんの自宅を訪ねてきた。持参したのが子供用の靴と靴下。それにポケットの硬貨をひとつかみ置いていった。ひき逃げをしても罪に問われず、まともな補償もない。父親は全調達の調査票に「米軍兵士が靴下１足、運動靴１足見舞いに来た。当時交通事故は皆泣き寝入り」などと書き、悔しさを強調するように「泣き寝入り」に二重下線を引いた。

東富士演習場

日本軍が１９１２年、静岡県に富士裾野演習場として開設し、戦後は米軍が接収して米軍東富士演習場となった。開拓や農耕、植林など生活に関わる営みが禁止され、日本独立後には核搭載可能なロケット砲「オネスト・ジョン」の発射実験も行われた。57年に権利者が返還を求める団体を結成。68年に日本に返還され、日米地位協定に基づいて米軍が使用できる施設に位置づけられた。隣接する北富士演習場と同様、沖縄県道１０４号越え実弾射撃訓練の移転先の一つとなっている。演習場近くには米海兵隊が駐屯するキャンプ富士がある。

戦後、静岡県の富士山麓にある日本軍の富士裾野演習場は接収されて米軍東富士演習場となった。御殿場駅の周辺には「ノース」「ミドル」「サウス」の駐屯地が設営された。事件があった道路は海沿いの沼津と富士山麓を結ぶ当時の主要路で、狭い砂利道を米軍の大型トラックや戦車が往来した。

現在の御殿場市の区域では、米軍が関係する交通事案が相次いだ。全調達の調査では、49年10月に牛車の男性が米軍車両にはねられ、胸の骨を折る事故が発生。51年5月には3歳の男の子が米軍車両にはねられ、その後死亡する事故があった。治療費の一部を米軍が負担することはあったが、賠償はなかった。

米軍トラックにひき逃げされた丁字路で、両親から聞いた状況を話す小野弘之さん　＝静岡県御殿場市

小野さん自身は、当時の状況を覚えていない。気付くと病院のベッドの上にいた。頭には三日月形の傷が残った。

事件後、両親は小野さんに「米軍には気を付けろ」と繰り返した。トラックがはね飛ばした石で、家のガラスが割れたことがあった。なんの祝日だったか、戦車に乗った米兵が軒先に掲げられていた日の丸の旗を奪うのを見た。だが、大人たちは、仕方ない、とあきらめの表情。エンジン音が聞こえたら道から離れる「防衛本能」が身に付いた。

ひき逃げについて誰かに伝えたのは、中学校時代が最後。友人から頭の傷をからかい気味に尋ねられて「米軍の車にはねられたんだ」と答えた。頭の傷を恥ずかしく思うようになり、卒業してすぐに髪を伸ばした。やがて、事件の記憶も遠ざかった。

２０２２年2月14日で、あれから70年。東富士演習場は返還され、基地も大きく縮小した。小野さんは言う。「今ならば信じられないような横暴が、当たり前にあった。占領期は屈辱の時代。誰かに話そうなんて、思うわけがない」。

犯人不明「犬死に同然」

横浜で男性２人射殺

木村瑛子さん（77）＝神奈川県藤沢市＝が結婚した時には、義父の和市さんは他界していた。知っているのは和服姿で穏やかな表情を浮かべる遺影だけ。義父は戦後、米兵に銃で撃たれて亡くなった。

事件は１９４６年９月２日に起きた。左官職人だった和市さんは仕事仲間の男性と、横浜税関の関連施設にあったパン店で仕事をしていた。そこに女性が駆け込み、米兵が追い掛けてきた。米兵の男は女性を出すように要求したが、うまく言葉が通じない。女性をかくまったと思ったのか、米兵は和市さんと男性に発砲。２人は２時間後に死亡した。和市さんは48歳、仕事仲間の男性は33歳だった。

横浜税関に司令部を置く米陸軍第８軍の兵士であること以外、犯人のことは分からなかった。和市さんの妻ユウさんは全調達の調査に「二人の犠牲者を出しておきながら、自分はすぐ兵隊仲間とトランプをしていたとのことです。その後は米国軍の兵隊を見るのもいやなくらいでした」と答えた。仕事仲間の男性の妻も「（米兵は）まもなく帰国してしまいました。その後のことは一寸とも分かりません。仏様も浮かばれずに居る事と思います」と悔しさをにじませた。

４歳の長男がいるユウさんに、夫を亡くした悲しみに浸っている余裕はなかった。米軍からは補償はない。たばこや生活雑貨を取り扱う小さな商店を自宅で開き、長男を育てた。長男は瑛子さんと結婚。２人の子に恵まれ、

横浜と米軍

第２次世界大戦後、連合国軍は横浜市の軍事施設や横浜港を接収し、占領政策を担った米陸軍第８軍が進駐した。横浜税関には臨時の連合国軍総司令部（ＧＨＱ）が置かれ、１９４５年８月に厚木飛行場に降り立ったマッカーサー元帥も横浜のホテルに滞在。ＧＨＱが10月に東京・第一生命ビルに移転した後、横浜税関は第８軍司令部の拠点となった。市内には現在も米軍施設がある。第８軍の部隊は９月に山梨県甲府市に進駐し、県内各地で銃剣などの武器や軍国主義的な教材を摘発している。

幸せな生活が続くはずだったが、今度は長男が白血病となり36歳で急逝した。

瑛子さんはユウさんから、和市さんの話はめったに聞かなかった。ともに男手がなく、毎日を生きるのに精いっぱい。ユウさんは客商売で、瑛子さんは勤めに出て生活を支えた。

ただ、もちろん事件のことも、戦争のことも忘れたわけではない。命日の9月2日になると、ユウさんは、夫と一緒に米兵に射殺された男性の妻の家を訪れて線香をあげた。しばらくすると、男性の妻が家に訪ねてきて、仏壇に手を合わせた。故人を互いに弔う「行事」はユウさんが77歳になるまで続いた。

テレビで終戦や沖縄戦の話題になると、恨み節のようにぶつぶつとつぶやくこともあった。「義母にとって、8月15日は戦争の終わりを意味しなかった。文句の一つも言わなくてはいられなかったのだと思う」と瑛子さんは心中を推し量る。ユウさんは2002年、94歳で亡くなった。

印象的な出来事がある。瑛子さんの実父は満州で戦死した。ユウさんが瑛子さんの実母に「こんなことを言うのは本当に申し訳ないけれど」と前置きして告げた。「戦地で死ぬと恩給が出る。でも、同じように米軍に殺されたのに、私にはなにもなかった。私の夫はまるで犬死にだった」。犯人も分からず、補償もなく、貧しい日々を強いられた義母の偽らざる気持ちなのだろう。敗戦国の現実を一身に背負った半生を思うと、瑛子さんは何も言えなかった。

米兵に銃で撃たれて亡くなった義父の木村和市さんの遺影を手にする瑛子さん　＝神奈川県藤沢市

米兵暴力に女性おびえ

岐阜に「治外法権の街」

戦争が終わっても、夜は灯火管制下のように電球に布をかぶせていた。米兵の暴力から逃れるためだった。米軍基地キャンプ・岐阜に隣接した岐阜県那加町（現各務原市）で少女時代を過ごした今尾アサコさん（84）＝同市＝が8歳のころ。夕食時に玄関の戸をたたく激しい音がして、2人の米兵が「娘を出せ」と土足で上がり込んできた。

「うちには小さな子しかおらん」。米兵に告げる父親の足元で縮こまり、震えながら祈った。「おねえちゃんが見つかりませんように」。4人の姉たちはトイレに隠れていた。家の外には数人の米兵がいて、若い娘を連れ出して歓楽街に繰り出すつもりだったようだ。「私や妹、弟らを見て、こりゃあかんわと思ったんでしょうね。しばらくわあわあ言って帰りました」。

名古屋駅から車で30分ほどの各務原飛行場は戦後、キャンプ・岐阜となり、大量の米兵が流入した。横文字のキャバレーやダンスホールが立ち並んだ那加町は、かつて英国が中国につくった治外法権の街になぞらえ「租界ＮＡＫＡ」の異名をとった。基地の町として経済的に潤う一方、米兵による暴力事件が頻発。米兵を相手にする女性や、覚醒剤を横流しする人も流れ込んだ。

今尾さんは9人きょうだいの五女で、父は川崎重工の整備士。一家は岐阜空襲で焼け出され、終戦の年に那加町の借家に移り住んだ。暮らしは米軍基地に依存していた。一家が住んでいた長屋の2階には誰かが盗んできた軍用毛布があり、基地の食堂で働く姉たちが持ち帰るサ

各務原飛行場

岐阜県各務原市の木曽川右岸の高台に日本軍が1917年に開設した。川崎航空機や三菱航空機など民間の軍需工場が集積し、45年の空襲でともに壊滅的な被害を受けた。戦後は米軍に接収され「キャンプ・岐阜」となり、米軍部隊などが駐留。53年の朝鮮戦争の休戦協定締結後には米海兵隊1万2千人が駐留した。58年の返還後は航空自衛隊岐阜基地となり、航空機のテスト飛行などが行われている。

ンドイッチがごちそうだった。

隣近所の民家には米兵相手の女性が間借りして、ひっきりなしに兵士が出入りした。夜には壁1枚隔てた隣のバーから笑い声とレコードの大音量がわんわん響き、「とてもじゃないが、勉強どころではなかった」。

「近寄るな」と言われていた場所があった。びっしりとバラックが並んだ国鉄（当時）の線路北側の植物園。強姦事件のうわさが絶えず、踏切では米兵相手の女性の飛び込み自殺が相次いだ。「列車の警笛で何事かと走って見に行った。1人、2人やない。追い詰められていたんやね」。

米軍がいた時代に「踏切では女性たちの飛び込みが後を絶たなかった」と振り返る今尾アサコさん　＝岐阜県各務原市

覚醒剤を打たれて体調を崩した女性や、米兵と日本人女性との間に生まれた子どもがすぐそばで暮らしていた時代。後に、基地の町で育った「那加の女の子」が就職や結婚で差別を受けていたと知り、がくぜんとした。「そう見られとったのかと。女の人は本当に大変だった」。

1955年に米軍の大部分がキャンプ・岐阜から撤退したことを今尾さんは覚えていない。「がっかりすることも、万歳して喜ぶこともなかった」。だが、沖縄の米軍絡みの事件報道を聞くと、かつての町の姿と重なり胸が痛む。「基地の頃を少しでも知っている人なら人ごとではないはず」。

「カムカム、エブリバディー……」で始まるかつての流行歌を聞くと、少女時代を思い出す。昔話で話題に上るのは人懐こい笑顔でチョコレートを分けてくれた兵士たち。今尾さんは語る。「悲しい記憶もいつの間にかかすんでしまうんやね」。

特需で揺らいだ反基地

岐阜の米兵に警官が発砲

まだ暑さの残る夜だった。１９５３年9月9日、家で夕食の冷や麦を食べていた当時高校生の岩井稔さん（85）＝岐阜県各務原市＝は、破裂音を聞いて玄関を飛び出した。はす向かいの銀行前に群がる人の奥から、片言の日本語で「ゴメンナサイ」という声がした。米軍基地キャンプ・岐阜の米兵が泥酔して暴れ、警官に撃たれたという。

キャンプ・岐阜の米海兵隊員4人が那加町（現各務原市）で民家のガラスを割って逃走、警官が発砲して２人が負傷した「那加事件」。戦後、日本人が初めて米兵を撃ったニュースは全国を駆け巡った。岩井さんの近所で民家の窓ガラスが米兵に割られることは珍しくなく、「戦勝国である米国の兵士が日本人を撃つことはあっても、日本人が米兵に銃を向けるなんてあり得なかった」。

事件の翌々日、「民衆を守った巡査の行動を支持する」として、岐阜大農学部の学生数十人が岩井さん宅前を練り歩いた。「目先の利益よりも子供の教育を！」などと書かれたプラカードを掲げ、町の文教地区指定や下宿難の解消に加え、警官による発砲の正当性を訴えた。当時の地方紙には「（学生らが）今まで警官を目のカタキにしていただけにちょっと目をそばだたせる風景だった」との記述がある。

市民感情は複雑だった。8月に米海兵隊2千人以上がキャンプ・岐阜に来たばかり。米兵の暴行や盗難被害を訴える声がある一方、特需で活気づいた飲食店では「う

那加事件

１９５３年９月９日、岐阜県の米軍基地キャンプ・岐阜の米海兵隊員が同県那加町（現各務原市）で民家のガラスを割って逃走し、日本人警官が発砲、米兵２人の脚や腕を負傷させた事件。日本人の警官が初めて米兵を撃ったとされる。発砲した巡査、負傷した米兵とも20代前半。巡査は一部正当防衛が認められ、不起訴になった。事件後、岐阜大の学生による基地反対デモが行われ、米軍は約２週間にわたり那加町への兵士の立ち入りを禁じる「オフ・リミット」を実施した。

まくやってもらいたい」のが本音。事件後の米軍発表によると、米海兵隊が駐留して1カ月の間に地元で消費された金額は1億2千万円余り。警察や自治体は関係悪化を恐れた。警官は不起訴となり、それを報じた新聞には、米軍からの「事故は不幸であったが、このために友好関係が阻害されると思わない。今後はより親善を深めてゆきたい」とのコメントが載った。

事件後、高校を卒業した岩井さんは岐阜大の生活協同組合に就職。米軍基地に反対する学生たちと交わり、岩井さんも「ヤンキー、ゴーホーム」と唱えた。米軍相手の女性に部屋を貸すため下宿から立ち退きを迫られた学生の言い分は切実だった。だが、「基地反対を口にするのは勇気がいった。町の人は米兵相手に商売をして、部屋を貸して稼いでいるのだから」。

「那加事件」が起きた現場で「当時、日本人が米兵を撃つことはあり得なかった」と語る岩井稔さん
＝岐阜県各務原市

米兵を立ち入り禁止とする文教地区の指定を巡っては、地元の母親らでつくる会が署名活動をしたが、当時の新聞は「町当局では呼応せず、むしろ傍観的な態度を取った」と伝える。住民同士、「立入禁止」の看板を立てては外す動きが続き、基地が58年に返還されるまで町ぐるみの運動に発展することはなかった。各務原市史には「（運動は）十分な結実には至らなかったようである」と記された。

戦後50年以上がたったある日、市内で「戦争の語り部」として活動していた岩井さんは、沖縄の放送記者と出会った。「米軍が沖縄に行って、よかったと思いますか」。そう問われ、言葉に詰まった。「あの頃、岐阜から沖縄に行ったとは知らなかった」。そう答えるのが精いっぱいだった。

「米軍基地反対」を訴え、拳を振り上げながら、撤退した米海兵隊の行き先は知らずにいた。今、沖縄の米軍基地を巡るニュースを見て、思うのは「沖縄ならいい、という考えが日本人の中にあるのではないか」という問い。「そうじゃないはずだ」。岩井さんは自らに言い聞かせるように語った。

米軍機への苦情 急増

低空飛行9割、騒音も 山梨県内

山梨県内で確認された米軍機とみられる航空機の騒音や飛行高度などに関する苦情が2012年度から21年度9月までに213件あることが防衛省への取材で分かった。19年度以降に急増しており、21年9月までの2年半で194件と全体の約9割を占める。苦情の9割が飛行高度に関する内容で、目撃された地域は富士吉田市が最も多かった。

防衛省によると、住民や市町村、県、県警などを通じて受けた米軍機とみられる航空機に関する苦情は在日米軍に伝達・照会している。12年4月～21年9月のうち、12～18年度は年数件で推移していたが、19年度は51件に急増。20年度は105件、21年度は9月までの半年間で38件に上った。12～18年度は12年度が最多の7件、15年度はゼロだった。

苦情内容が複数にわたるものもあり、全体の9割に上る195件が飛行高度に絡む内容だった。騒音に関する内容は63件、飛行経路に関する内容が29件あった。

目撃された飛行地域は県内20市町村に上った。富士吉田市が105件で最も多く、次いで南アルプス市18件、北杜市16件、都留市11件、甲州市10件だった。

低空飛行に関する苦情の増加について、防衛省は「山梨県以外にも苦情件数が増加している地域はある」とした上で「苦情の内容はさまざまで、増加の原因について答えることは困難」としている。

米軍機とみられる航空機の目撃情報の増加を受け、県は19年から記録を取り始めた。同年11月には防衛省に対し、飛行訓練の事前の情報提供や、市街地や観光地上空の飛行を避けるよう在日米軍に求めることを要請している。

米軍機とみられる航空機の苦情件数(県内)

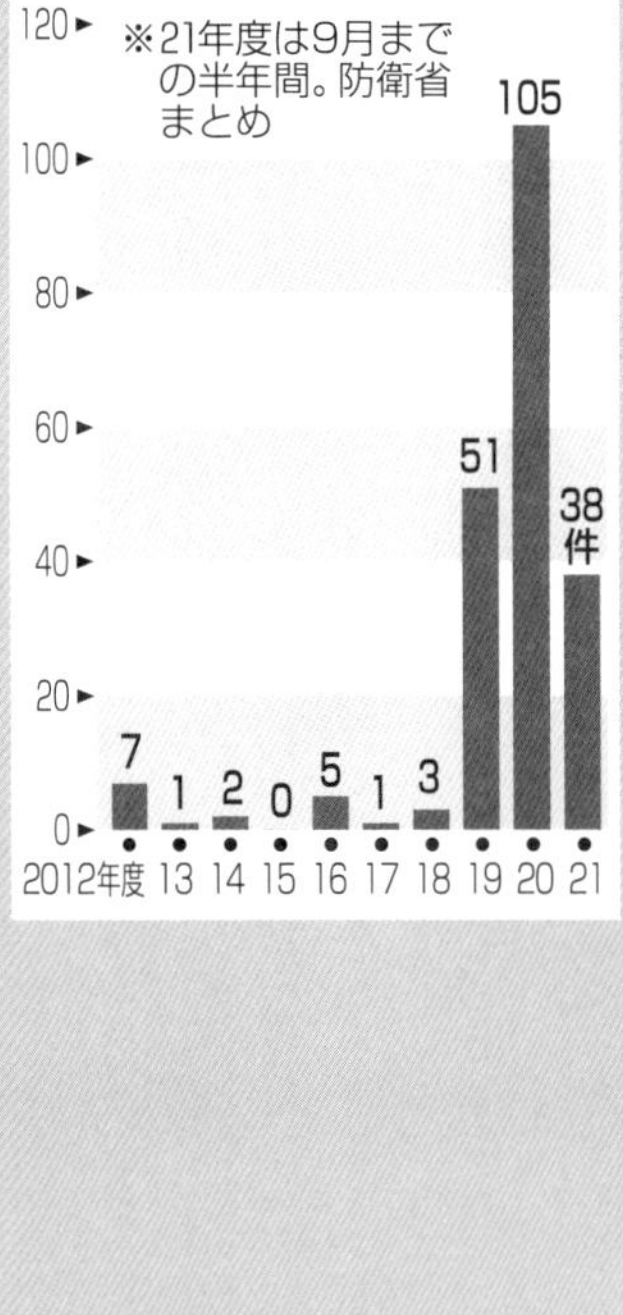

※21年度は9月までの半年間。防衛省まとめ

年度	2012年度	13	14	15	16	17	18	19	20	21
件数	7	1	2	0	5	1	3	51	105	38件

第3部

米軍 今も隣に

山梨県の北富士演習場から去った米海兵隊は沖縄へと拠点を移した。だが、富士北麓ではその後も米軍による訓練が行われ、山梨県内上空は米軍機が低空で飛行している。第3部「米軍 今も隣に」では、米軍移転後から現在に至るまでの山梨と米軍の関わりを追う。

消えゆく基地の痛み

闘争の山 観光地に

ドン、という音に会話を遮られた。「あれは何の音ですか」。山梨県忍野村で宿泊業を営む天野弥一さん（71）＝同村＝は数年前、観光客の男性に、こう問われたことを覚えている。北富士演習場が近くにあり、米軍の実弾射撃訓練が行われていることを告げると、男性は驚いた表情を見せた。「まさか国立公園の中で軍事演習が行われているとは思わなかったのだろう」。

1955年6月、未明の忍草区会事務所。5歳の誕生日を迎えた天野さんは、現在の北富士演習場にあった米軍基地キャンプ・マックネアに向かう馬上の父を見送った。騎馬隊が朝焼けの霧の中を行く、異様な光景だった。帰らないかもしれないと告げて出発した住民たちはこの日、米兵が銃を構える門を突破してキャンプに突入。「山を返せ」と着弾地に座り込む、命懸けの行動に出た。

北富士演習場のある富士北麓は周辺住民が木材を切り出し、飼料や肥料にするために草を刈る入会地として長い歴史を持つ。天野さんの祖父は47年に忍草入会組合を創設した一人。米軍に演習場を接収されても生活の山であることに変わりはなく、「父もまた、先祖代々の入会地を家よりも大事にしていた」。

馬に乗った父は無事に帰ってきたが、入会地を巡る米軍との衝突は続いた。その年の暮れ、北富士演習場に核搭載可能なロケット砲「オネスト・ジョン」が持ち込まれると、忍草では住民が着弾地でのろしを上げて射撃に

北富士演習場と入会慣行

山梨県の北富士演習場のある富士北面の山野には、古くから地域住民が共同で立ち入って材木を切り、牛馬の餌や肥料にする草などを採る「入会」の慣行があり、江戸時代に幕府が11カ村総有の入会地と認めた。戦後、米軍が演習場を接収すると立ち入りが制限され、住民が反発。忍野村忍草では1947年に忍草入会組合を結成し、入会権を主張。演習場での座り込みや法廷闘争を繰り広げ、国に林野雑産物の補償と入会慣行を認めさせるとともに、各地の反戦・基地闘争に影響を与えた。

反対した。56年に米軍が沖縄に移駐した後も演習は続き、60年に「忍草母の会」が結成されると、天野さんの母や祖母は着弾地に建てた小屋で泊まり込み、実弾訓練に反対した。

暮らしは苦しかった。父は石切り場で、母は畑で働きづめになりながら、借金をして闘争資金を捻出していた。「学校の成績を見てもらうとか、そんな余裕はなかったね」。いつもかすりのもんぺを着ていた母は、豊かになった村を知らないまま49歳で他界。「スカートをはく姿を見たことがない。きれいな服を買ってやりたかった」。

生活の山を取り戻すために始まった闘争には平和運動の側面があった。「一歩違えば北富士が核の基地になっていたかもしれない」と天野さんは語る。住民を二分した苛烈な闘争に口を閉ざす人も多いが、「今があるのは親世代が体を張ってくれたおかげ」。その恩恵を忘れたくない、忘れられていないか、との思いは強い。

95年に沖縄県道104号線を挟んで行われている米軍の実弾訓練の本土移転候補地に北富士演習場が浮上。天野さんは村議として初めて沖縄を訪ねた。米軍基地キャンプ・ハンセン近くの民家で、高齢男性に話を聞いた。基地の外に弾が落ちていること。沖縄戦のさなかに背中で息絶えた妹のこと。再び戦場になりかねないとの怖さ――。

「沖縄ではまだ戦争は終わっていない。本土の人に分かるかな」という男性の言葉は、穏やかな中に厳しさがにじんだ。「自分たちの入会の山だけを見て、犠牲者だと思っていた」と天野さん。癒えない傷を前に、同じ痛みを知っていると声を掛けた気安さを恥じた。

富士山麓と沖縄。どちらも豊かな自然がある国内有数の観光地。「過去を踏まえた議論を続けていくには、小さな点ではなく、視野を大きく広げなければだめだ」。本土の反対運動を経て基地が固定化されつつある島に、歴史の忘却に直面する入会の山を重ねた。

北富士 今も米軍訓練
麓に広がる本州最大の演習場

米海兵隊が沖縄に移駐した後も、山梨の北富士演習場では米軍による訓練が行われている。北富士演習場や沖縄県道１０４号越え実弾射撃訓練の移転演習の歴史、山梨で目撃が相次いでいる米軍機の低空飛行など米軍が関係する問題を振り返る。

　富士北麓に広がる北富士演習場は、日本軍によって昭和初期に開設された。終戦とともに米軍に接収され、１９７３年に自衛隊の管理となった。米軍は静岡県の東富士演習場とともに「富士演習場」と位置づけ、本州最大の演習場となっている。県は北富士演習場の「全面返還、平和利用と段階的縮小」を掲げている。演習場では97年から、沖縄県道１０４号越え実弾射撃訓練の移転演習が行われている。

　現在の北富士演習場がある土地は古くから山菜や木材を採取できる入会地として利用され、１７３６年には江戸幕府が11カ村の総有と認めた。１８８１年に明治政府が官有地に編入した後、皇室の御料地となり、明治の水害を機に県に下賜されて恩賜県有財産に。一部が地元に払い下げられるなど土地の権利関係は変遷した。

　日本陸軍は１９３６年から38年にかけて、官民有地２千ヘクタールを買収して北富士演習場を開設。演習場設置の理由を示す資料は見つかっていないが、12年に開設された富士裾野演習場（現東富士演習場）に隣接していることから、利便性を考慮して整備されたとみられる。砲兵部隊の演習場として使われた。

　戦後は米軍が接収し、基地キャンプ・マックネアを設置。50年には１万７８５０ヘクタールを接収して演習場を拡張した。56年に米海兵隊が沖縄に移駐し、58年には演習場の一部やキャンプ・マックネアなどが日本に返還され、６５００ヘクタールに縮小した。

　米軍は常駐しなくなったが、沖縄の米海兵隊による演習は定期的に行われた。65年にはロケット砲「リトル・ジョン」の発射訓練が行われ、反発する住民と警官隊が衝突。また、入会権などの権利関係を巡り、地元市村や富士吉田市外二ケ村恩賜県有財産保護組合（吉田恩組）、入会組合が主張を展開した。

　67年には保守と革新勢力の支持を受け、「全面返還、平和利用」を掲げた田辺国男氏が知事選に当選。現在に至る県是の礎が築かれた。防衛庁（当時）は米軍から自衛隊への使用転換に協力を要請したが、県は返還を求め主張は平行線をたどった。

転機は72年。「日米安保条約に基づく米軍に提供するための土地の賃貸借契約は、民法の定めで契約後20年で満了する」との政府見解が示され、7月に演習場の県有地が返還された。国が無権限で演習場を使用する状態となり、8月には当時の田中角栄首相が田辺知事と会談して暫定使用協定の締結を要請。田辺知事は民生安定事業の実施などと引き換えに受け入れた。

73年には周辺整備事業や民生安定事業を条件に、県と国が自衛隊と米軍による北富士演習場の5年間の使用を認める「北富士演習場使用協定」を締結。北富士演習場の使用転換も決まった。5年ごとに新たな使用協定が結ばれ、２０１８年には23年3月末を期限とする第10次使用協定が締結された。

富士吉田市と山中湖村にまたがる北富士演習場の現在の面積は約４６００ヘクタール。内訳は国有地１９００ヘクタール、県有地２４００ヘクタール、民公有地３００ヘクタールとなっている。東富士演習場は８８００ヘクタールで「富士演習場」は北海道の矢臼別演習場（1万６８００ヘクタール）に次ぐ規模。北富士演習場では前述の通り、１９９７年から沖縄県道１０４号越え実弾射撃訓練の移転演習が行われているほか、２０１８年には陸上自衛隊と英陸軍による初めての共同訓練が行われた。

沖縄・実弾射撃訓練 山梨にも移転

受け入れ25年、交付金も

沖縄県の米軍基地キャンプ・ハンセンでの県道１０４号越え実弾射撃訓練は、実施のたびに交通規制される地元負担や危険性を考慮し、１９９７年から本土で分散実施されている。移転先の一つ、北富士演習場では同年7月に初めて行われ四半世紀にわたり続く。演習場の地元1市2村には訓練実施に伴う交付金として年間計約4億円程度が交付されている。

移転の対象は米軍基地キャンプ・ハンセンから基地内を通る県道１０４号線を越えて１５５ミリりゅう弾砲を撃ち込む実弾射撃訓練。年35日程度、県道を約３・７キロにわたって封鎖して行われる。沖縄県は、着弾地付近の騒音や環境被害に加え、生活道路がその都度通行止めとなる地域住民の負担の重さを訴え中止を求めていた。

訓練の本土移転は95年1月の日米首脳会談後、沖縄米軍基地の整理縮小問題の一環として国が沖縄県に提示。同年9月の米兵による少女暴行事件で本土移転の議論が加速した。移転候補地として名指しされた北富士演習場は当初、「全面返還、平和利用」を県是とする山梨県や地元市村が相次いで反対したが、最終的には受け入れた。

公開された沖縄県道104号越え実弾射撃訓練の移転演習＝山梨県・北富士演習場（2011年11月）

移転訓練は現在、北富士（山梨）、東富士（静岡）、矢臼別（北海道）、王城寺原（宮城）、日出生台（大分）の5カ所が持ち回りで受け入れている。原則として年4カ所で行われ、5年に1度演習がない年がある。北富士演習場で行われた直近の訓練は2021年4月。計9日間にわたり射撃訓練が実施され、期間中は訓練が原因とみられる火災が発生した。

過去5年間の沖縄県道104号越え移転演習に関わる地元自治体への交付金額は、演習がなかった17年度がゼロ。演習が行われた18～21年度は年度ごと富士吉田市に1億7600万円、山中湖村に1億3900万円、忍野村に9千万円が交付された。交付金の充当先はハード、ソフト事業を問わず、基金の積み立てにも使うことが可能になっている。

識者に聞く

ジャーナリスト

吉田敏浩さん

低空飛行 県内で相次ぐ
背景には「横田空域」問題

山梨県内で米軍機の低空飛行や騒音への苦情が増えている（74ページ参照）。防衛省のまとめでは2012年度以降に213件あり、富士北麓地域を中心に19年度以降に増加している。山梨の空で米軍機による飛行が繰り返される背景とは——。米軍機の低空飛行問題を取材しているジャーナリスト吉田敏浩さんは「米軍が管理する空域の存在や、航空法の規制が米軍機に適用されない法律の問題があり、首都圏上空で軍事目的の低空飛行訓練が行われている」と指摘する。

防衛省によると、県内での米軍機とみられる航空機の飛行に関する苦情は、12年度以降0～7件で推移していたが、19年度は51件に急増。20年度は105件に上り、21年度は9月までの上半期で38件となっている。山梨日日新聞の取材では、C130輸送機やオスプレイとみられる機体が目撃されている。

米軍機による低空飛行が行われる背景として吉田さんが挙げたのが、横田基地（東京）の米軍が航空交通管制を担う「横田空域」の問題。正しくは横田進入管制区といい、山梨など1都9県にまたがる。「米軍は優先的に訓練飛行や輸送機の発着に利用でき、実質的な軍事空域と言える。横田基地周辺や訓練飛行が行われる地域では、騒音への苦情や安全面への不安の声がある」（吉田さん）。

県内の低空飛行に関しては、米軍が山梨など1都8県の上空に設定している「横田空軍基地有視界飛行訓練エリア」も関係する。航空機の飛行は、計器に頼って飛ぶ「計器飛行方式」と、パイロットが目視で操縦する「有視界飛行方式」に分かれる。米軍はパイロットの操縦技術向上を目的として、訓練エリアでC130輸送機の有視界飛行方式の訓練をしているという。

吉田さんが入手した訓練エリアに関する資料には、C130輸送機が高度1千フィート（約305メートル）以下での有視界飛行を頻繁に行っていることや、2～6機で編隊飛行をしていることが記されていた。航空法は飛行高度の下限を人口密集地では最も高い障害物上端から300メートル、それ以外では地上

山梨県の河口湖上空を飛行する米軍機とみられる航空機（2019年6月、富士五湖ドットTV提供）

か水上から150メートルなどと規定しているが、吉田さんは「人口密集地では航空法で許されない低さの飛行も行われている」と言う。

米軍機が低空飛行訓練を行うことができるのは、「日米地位協定の実施に伴う航空法の特例法」があるため。米軍機や米軍管理の航空機については、夜間航行での灯火義務や飛行の禁止区域の順守、最低安全高度の順守、編隊飛行の原則禁止など航空法が定めた規定が適用されない。

「日本の官僚や米軍人らによる協議機関『日米合同委員会』の1999年1月会合では米軍機の低空飛行問題が協議され、米軍は『日本の地元住民に与える影響を最小限にする』と表明したが、守られているとは言い難い」（吉田さん）。

低空飛行を巡っては、全国知事会が訓練ルートや実施時期の情報提供などを国に要請。県も、市街地や観光地上空の飛行を避けるよう在日米軍に求めることを防衛省に要望している。吉田さんは「低空飛行が行われる地域で懸念が広がっているにもかかわらず、首都圏の空で自由に軍事訓練が行われている実態がある。市民が関心や問題意識を持たなければ、低空飛行が常態化するだけではなく、訓練エリアの拡大につながる可能性もある」と話している。

よしだ・としひろさん　ジャーナリスト。著書に「横田空域」「『日米合同委員会』の研究」（日本ジャーナリスト会議賞）「森の回廊」（大宅壮一ノンフィクション賞）などがある。64歳。

事件事故 全国で絶えず

米兵や米軍属による暴行事件、米軍機による部品落下などの事故、環境汚染などの問題は、米軍基地の周辺地域を中心に全国各地で発生している。米軍基地や関連施設がある山梨など15都道府県の渉外知事会は、特に重大な事案に関し過去10年で計6回の緊急要請をしているが、いずれも抜本的な対策が講じられたとはいえない状況が続いている。

近年では2016年4月から沖縄県うるま市で、行方不明となっていた女性が遺体で見つかった。女性を乱暴目的で襲い殺害したとして、殺人と強姦致死、死体遺棄の罪で、米空軍嘉手納基地で働く元海兵隊員の軍属の男が起訴された。

16年12月には米海兵隊普天間基地の輸送機オスプレイが沖縄県名護市沖で不時着し大破。空中給油の訓練中に飛行が不安定になったとみられる。事故機とは別のオスプレイが普天間飛行場で胴体着陸していたことも明らかになった。

20年4月には沖縄県の普天間飛行場で、国内で製造が禁止されている有機フッ素化合物（ＰＦＯＳなど）を含む泡消火剤の大規模な漏出事故が発生。立ち入り調査が初めて認められたが、沖縄県が要求していた調査箇所の一部では水や土壌のサンプリングが行われなかった。

さらにさかのぼると、沖縄県では米軍基地の運用にも影響を与える重大な事件も発生している。04年8月には市街地中心部に普天間飛行場がある宜野湾市で、沖縄国際大の構内に米軍ヘリコプターが墜落、炎上した。大学関係者や周辺住民に被害はなかったが、普天間飛行場の危険性が再認識された。9月には大規模な抗議集会が開かれた。

１９９５年9月には、米兵3人が女子小学生を暴行する事件が起きた。本土復帰後では最大規模となる抗議集会が開かれるなど基地返還を求める動きが広がり、日米両政府は沖縄に関する特別行動委員会（ＳＡＣＯ）を設置した。橋本龍太郎首相と駐日米大使（いずれも当時）は、普天間飛行場を返還することで合意。沖縄県道１０４号を通行止めにして行われる実弾射撃訓練を、本土で分散実施することも決まった。

渉外知事会は、米軍機については事故後の同型機の飛行運用には自治体の意向を尊重するよう要請。漏出事故については現場や河川、海域における除去体制の構築と、全国の米軍基地における調査と情報公開を求めた。日米地位協定の改定も合わせて求めているが、実現していない。

識者に聞く

法政大教授
明田川融さん
地位協定の抜本改定必要

在日米軍の特権的な地位などを定めた日米地位協定（87ページ参照）は１９６０年の締結後、一度も改定されていない。刑事事件の容疑者の身柄が起訴前に日本側へ引き渡されず、住宅地の低空飛行や騒音が野放しになるなどの問題が指摘されても条文には手を付けず、「運用改善」で対応してきた。日米地位協定に詳しい法政大教授の明田川融さんは「協定の表現が曖昧で実効性がなく、項目自体が抜け落ちている。抜本的改定が必要だ」と語る。

明田川さんは、日米地位協定には米軍が使用する場所や範囲の記載がない点に触れ、「米軍が望めば日本国内のどこにでも基地を設定しうる構造的な問題がある。逆に言えば、沖縄にまとめるとも書かれていない」と説明する。協定に記載がない事柄を協議する日米合同委員会について「米側構成員の大部分が軍人で非公開。占領下の遺物のような構造が続いている」と指摘。「委員会は本来、基地の運用に関する実務的な話し合いの場。人権に関わる重要な事案は協定で明文化すべきだ」。

95年に起きた米兵の少女暴行事件後、殺人や強姦などの凶悪犯罪には起訴前の身柄引き渡しに「好意的配慮を払う」との運用改善で日米両政府が合意。だが、その後もひき逃げ死亡事故などで米側の身柄引き渡し拒否が続いた。米軍機の飛行は特例法により実質的に航空法の適用外とされ、人や動植物に関する検疫の項目自体がない。

米国が軍隊を置くドイツでは航空機の騒音防止に関する国内法が米軍にも適用され、イタリアでは同国司令官が米軍施設に制約なく立ち入ることが可能。明田川さんは「不利か有利かというより不備を見直すという視点で、立ち入り調査や検疫を含め広く議論した方がよい」と話す。

明田川さんは改定を阻む理由として、他国への波及を警戒する米軍の思惑や、他の譲歩を要求される日本側の懸念などを挙げた上で「本土が沖縄の犠牲の上にあぐらをかくことに慣れてしまった」と指摘する。「米軍基地に対する本土の反対運動は沖縄への基地固定化に大きな影響を与えた。本土の人がどう行動するかが問われている」と語る。

明田川さんは地位協定の改定に関し「国の主権が侵害されているとの議論になりやすいが、深刻なのは基地周辺の人の安全が脅かされていることだ」と主張。「暴力は裁かれ、夜は静かに眠れるように。目線を低く、主語を小さくして、人権という観点から考えるべきだ」と語る。

「地位協定を見直すタイミングはこれまでにもあった。本土の人が人ごとと考えず取り組むべきだ」と語る明田川融さん＝東京都内

あけたがわ・とおるさん　法政大法学部教授。著書に「日米地位協定　その歴史と現在」（政治研究桜田会賞奨励賞）「日米行政協定の政治史　日米地位協定研究序説」など。58歳。

空の主権 回復はいつ

山梨県内 増える低空飛行

「ひい、ふう、みい……」。ゴールデンウイーク終盤の2018年5月4日正午すぎ、山梨県の河口湖畔にある八木崎公園駐車場。湖周辺をサイクリングしていた北井清一さん（58）＝同県富士吉田市＝は、低空で飛ぶ飛行機にスマートフォンを向けた。米軍のC130輸送機とみられる機体が9機、富士山の麓を飛んでいた。

休日に似つかわしくないごう音に、観光客も驚いた様子でカメラやスマホを起動させた。機体を斜めに傾けながら湖上を西に進んだ飛行機は再び戻ってきて、東京方面の空へと消えていった。北井さんはフェイスブックに「米軍は編隊組んで低空を自由に飛べてうらやましい」と皮肉交じりに書き込んだ。

低空飛行はその後も日常的にある。C130輸送機に オスプレイ。22年2月16日午前9時すぎにも、爆音を耳にして仕事場から外に出ると機体が見えた。スマホに保存された米軍機の動画は増え続けている。

県内で増えている米軍機とみられる飛行機の低空飛行の目撃情報。防衛省のまとめでは、18年度に3件だった苦情は19年度は15倍以上の51件に跳ね上がった。20年度は105件で、21年度は上半期だけで38件に上っている。

「低空飛行の背景には、米軍機に認められた特権の問題と、山梨県内の上空に設定されている『横田空軍基地有視界飛行訓練エリア』がある」。米軍機の低空飛行問題に詳しいジャーナリストの吉田敏浩さん（80ページ参照）は指摘する。

航空法は航空機の最低安全高度を人や家屋が密集して

日米地位協定の実施に伴う航空法の特例法

3条で構成。米軍機や米軍管理下の航空機について、航空法の第6章など一部規定を原則適用しない。航空法第6章は航空機の運航に関する内容で、夜間航行での灯火義務、飛行の禁止区域の順守、最低安全高度の順守、航空交通管制圏などでの速度制限の順守、編隊飛行の禁止、粗暴な操縦の禁止などがある。特例法は占領が終わった1952年に施行された。

いる地域では水平距離600メートル範囲の最も高い障害物上端から300メートル、それ以外では地上か水上から150メートルなどと規定している。ただ、米軍に関しては「日米地位協定の実施に伴う航空法の特例法」があり、最低安全高度や飛行禁止区域の順守、夜間飛行での灯火義務を定めた航空法の規定が適用されない。

横田空軍基地有視界飛行訓練エリアは、山梨や東京など9都県にまたがる米軍の訓練エリア。横田基地に配備されているC130輸送機とみられる機体の低空飛行が、エリア内の各地で目撃されている。「米軍機は何ら制約を受けず、山梨を含む首都圏の空で軍事訓練を行っている現実がある」(吉田さん)。

久保覚さん(58)＝同県富士河口湖町＝にとって、米軍機の低空飛行は特別な出来事ではない。01年から富士山周辺の情報サイト「富士五湖ドットTV」を運営し、現在は富士山をぐるりと囲むように山梨、静岡両県に30基以上の定点カメラを設置。空から爆音が聞こえた時間帯の画像を調べると、たいてい米軍機らしき機体が映っている。低空飛行が行われる理由を知ろうと本を読みあさり、軍事訓練が行われる空域があることや特例法の問題を知った。

ここ数年、周囲で低空飛行が話題に上るようになった。友人との歓談の席でも「低空飛行なんて沖縄だけだと思っていた」「遊覧飛行でもしているのか」との話が出る。特例法や空域の問題を伝えると、驚かれる。「米軍が特別扱いされていることが知られていない」。

1952年4月にサンフランシスコ講和条約が発効して70年。久保さんは言う。「占領は終わった。だが、これだけ自由気ままな飛行が米軍に許されている状況で、空の主権を取り戻したと言えるのか」。

山梨県の河口湖上空付近を編隊飛行する米軍のC130輸送機とみられる機体（2018年）

謝罪、説明なく幕引き

ヘリの窓　山中湖村に落下

長靴の中に入るほど深く雪が積もった林野を、ゆっくりと歩く。「このあたりだと思います」。地図を手にした防衛省の職員に促されて足元を見るが、雪以外は見えない。２０１６年2月10日、山梨県の山中湖インターチェンジ近く。当時、山中湖村企画まちづくり課長だった高村一さん（60）は、米軍のヘリコプターから落下した窓の痕跡を探していた。

落下事故の一報が防衛省南関東防衛局から入ったのは、前日の午後5時半ごろだった。「本日午後3時、米軍ヘリがアクリル製の窓を山中湖村域内に落下させる事故がありました」。米軍キャンプ座間所属のヘリコプターが落としたという窓のサイズは60センチ四方で、厚さ4～5ミリ。「どこに」「窓枠ごと落ちたのか」。詳しくは分からない。「窓は米軍によって回収されています」との返答。明るくなってから現地を確認することになった。

現場に集まったのは、富士吉田署員や富士吉田市外二ケ村恩賜県有財産保護組合の職員ら10人。だが、肝心の証拠物である窓はもうない。高村さんたちは正確な情報も知らされないまま、何もない場所を探索するしかなかった。

「近くには住宅も学校も、高速道路もある。被害がなかったからよかった、という話ではない」（高村さん）。この日の午後には防衛省南関東防衛局の担当者が状況説明のため、村役場を訪れた。しかし、事故の当事者である米軍関係者が直接村を訪れて謝罪することはなかった。

全国で続く米軍機の事故。21年11月には沖縄県で普天

日米地位協定

日米安保条約に基づき、日本に駐留する米軍の法的地位や基地の管理などを定めた協定。具体的な運用方針は、日本の官僚や米軍人らで構成する「日米合同委員会」で協議される。米兵の公務中の罪は米国に一次裁判権がある。運用では、日本は米軍の同意を得られなければ、米軍の施設や財産について捜索や差し押さえをすることができない。協定は１９６０年の発効後、改定されていない。

間飛行場所属の輸送機オスプレイから住宅の玄関先に水筒が落下する事故が起きたほか、青森県では三沢基地所属のＦ16戦闘機が住宅近くに燃料タンクを投棄した。山梨県内では05年５月、米軍横田基地所属の輸送ヘリが鳴沢村のスキー場駐車場に不時着する事案が発生。米軍基地が集中する沖縄では重大事故が多発し、県基地対策課のまとめでは１９７２年の日本復帰以降に49件の墜落事故が起きている。

米軍ヘリコプターから落下した窓の痕跡を探す防衛省や山中湖村などの関係者　＝山梨県山中湖村（2016年2月）

事故処理の問題も指摘されている。２００４年に起きた沖縄国際大への大型ヘリ墜落事故では、米軍が現場を事実上封鎖。米軍財産の捜索や差し押さえで米軍の同意を必要とする日米地位協定の運用を根拠に、県警による現場検証を拒否した。日本側が立ち入ることができたのは、機体がなくなった後。16年には沖縄県沖の上空で戦闘機と給油機の接触事故が起きたが、３年後の19年まで公表されなかった。

「ニュースで知って、まさか、との思いだった」。現在山中湖村長を務める高村正一郎さん（69）はヘリの窓が落下した16年の事故を、一村民の立場で知った。落下地点と自宅との距離は2キロほどしかない。事故の被害者になっていた可能性を考えると、身震いした。

事故から6年。村民の命を守る立場となった。全国で事故が相次ぐ状況を考えると「絶対にない」とは言えない。「米軍優位の協定が存在するという現実がある。万が一の事態が起きた時、正確な情報が地元に届けられるのか」。謝罪も具体的な再発防止策も直接伝えられなかった過去の経験が、米軍への信頼を揺るがせている。

民間ヘリ 衝突リスク

低空飛行 情報提供なく

すぐにはその航空機に気付かなかった。ヘリコプターで山梨県の甲府盆地から河口湖方面に御坂峠を越えた高度1500メートル付近。はるか下に見える河口湖上を、米軍機らしき機体がなめるように飛んでいた。関東地方に住む50代の操縦士男性は「随分低いところを飛んでいる」と目を見張った。

ヘリコプターの飛行方式は主に、目視で機体を操る「有視界飛行方式」。飛行の障害物がないか目で確認しながら飛行しなければならない。航空機はもちろん、鳥や凧船でさえ事故の危険をはらむ。米軍機が飛んでいたのは、機種も特定できないほどの低さだった。

約20年の操縦経験がある男性。「ヘリコプターと飛行機は速度が異なり、有視界飛行方式で事故を避けるには極度の注意が必要になる」。事故を防ぐため、飛行時は航空無線を使い、地上無線基地局に位置や高度、進行方向などを通報。基地局がなければ共通周波数を使って機体同士で情報共有するが、米軍機が日本の民間航空機が使用する周波数を使って情報提供することはほとんどないという。「米軍の飛行計画も事前に知ることができない状況で、異常接近や事故のリスクがないとは言えない」。

山梨県内上空で低空飛行が目撃されているC130輸送機は、パラシュート部隊の降下や物資の投下の任務に利用されている。戦闘機はレーダーがカバーしきれない山間の地形を利用して低空で飛行し、重要施設を攻撃する実践的な技量を磨くためとの見方もある。

低空飛行は全国で問題となっている。沖縄県が

全国知事会の「米軍基地負担に関する提言」

全国知事会が2018年に決議した国への提言。(1)米軍機の低空飛行訓練の事前情報提供をする(2)日米地位協定を抜本的に見直し、国内法を米軍にも適用させる(3)米軍人らによる事件・事故の実効的な防止策を提示する――などがある。翁長雄志沖縄県知事(当時)の働き掛けで16年に研究会を設置し、6回の会合を経て提言をまとめた。

２０２１年６月から３カ月間、低空飛行の情報を募ったところ１３５件の情報が寄せられた。戦闘機などの低空飛行訓練ルートがある高知県でも、民家や保育園がある地域で低空飛行が問題化。飛行機の通過音で子どもが泣きだすなどの苦情を受け、県は５市町村に騒音測定器を設置している。「電車が通るガード下とほぼ同じ１００デシベルを超える音量も観測されている」（県危機管理・防災課）。

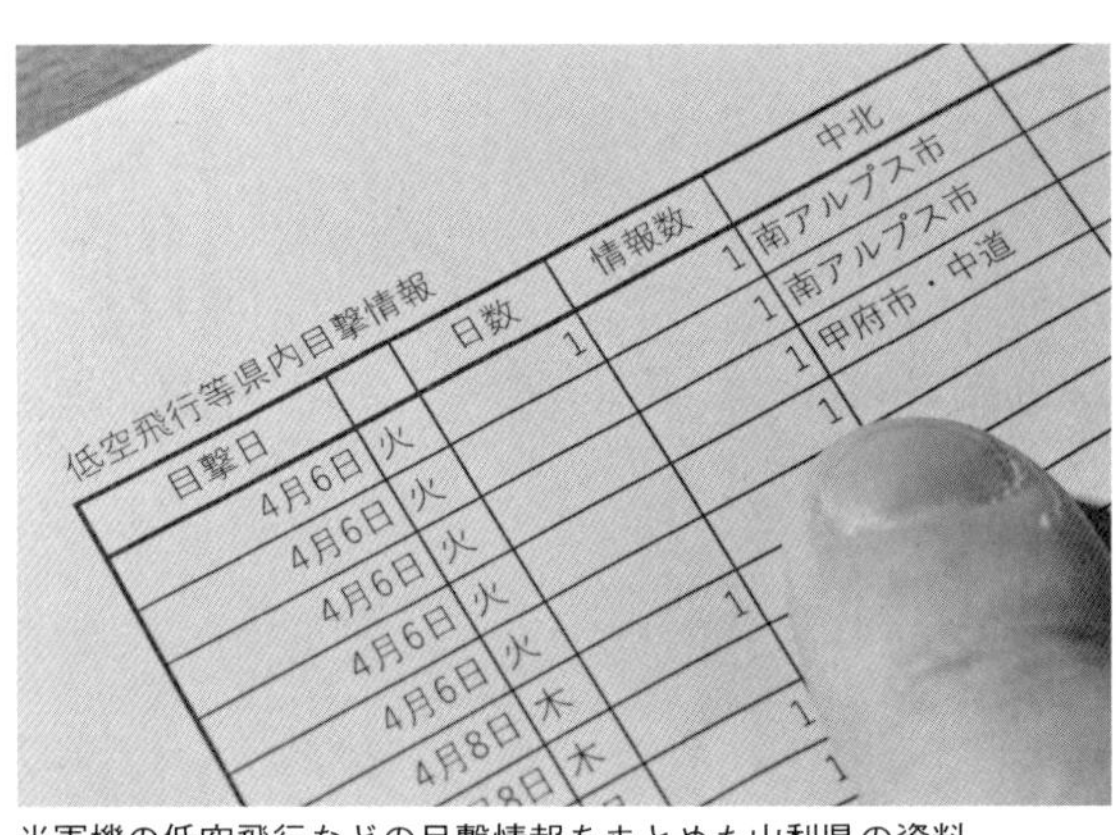

米軍機の低空飛行などの目撃情報をまとめた山梨県の資料
＝山梨県庁

さらに深刻なのは、航空機同士の異常接近。17年12月には、高知県消防防災ヘリに後方から米軍機が急接近する事案があった。県は「低空飛行訓練が行われている山間部では、医療救急活動のため消防防災ヘリやドクターヘリが日常的に飛行し、衝突事故への不安も強くある」と、危険性が高い飛行をしないよう米国に求めることを国に要望した。

山梨県防災ヘリ「あかふじ」の運航を担う県消防保安課は「あかふじの現隊員で米軍機の低空飛行を目撃した事例はない」とする。ただ、19年度は３４９件、20年度は３０３件の飛行実績があり、米軍機の低空飛行の目撃情報がある山間部での活動は少なくない。

市民の安心感や空の安全に関わる低空飛行。全国知事会は「米軍基地負担に関する提言」で低空飛行の実態調査を国に要請している。県は19年5月から米軍機の低空飛行の苦情を集計し、11月には防衛省南関東防衛局に「市街地や観光地上空の飛行を避けること」「飛行訓練の情報を事前に速やかに提供すること」などを求めた。だが、市街地や観光地での飛行は続けられ、訓練の情報が事前に提供されたことも、いまだない。

「痛み」分かるだけに……

移転演習 北富士受け入れ

「北富士がまた米軍の実弾演習の場になるのは、絶対に阻止しなければならない」。１９９５年10月、山梨県甲府市内で開かれた北富士演習場対策協議会（演対協、95ページ参照）の理事会。沖縄県で行われていた米海兵隊の県道１０４号越え実弾射撃訓練の本土移転に対し、出席者から反発の声が相次いだ。

沖縄県道１０４号を封鎖して行う実弾射撃訓練の本土移転は、95年に起きた米兵による少女暴行事件を受け、沖縄の負担軽減策として議論が本格化した。日本政府は訓練を本土の演習場に分散移転させる方針を示し、山梨県の北富士演習場、静岡県の東富士演習場も候補地に。両演習場で97年度に初めて訓練が実施され四半世紀がたつが、計画が浮上した当初、富士北麓の市町村関係者には反対の声が強かった。

「ここは昔、米軍がいたから沖縄の痛みはよその地域より分かる。でも、だからこそ来てほしくなかった」。訓練受け入れを巡る協議に加わった山梨県の富士吉田市外二ケ村恩賜県有財産保護組合（吉田恩組）の元組合長、天野惣吉さん（91）＝同県山中湖村＝は当時をこう振り返る。

訓練で１５５ミリりゅう弾砲を発射するためには、長い射程が取れる演習場が必要とされた。国は当初、北富士と東富士を合わせた「富士演習場」を候補地に名指ししていて、地元関係者の間には国と交わした演習場の使

沖縄県道１０４号越え実弾射撃訓練

沖縄県の米軍基地キャンプ・ハンセンで行われていた、基地内を通る県道１０４号線を挟んで１５５ミリりゅう弾砲を撃ち込む訓練。着弾地付近の騒音や環境被害に加え、実施のたびに生活道路が封鎖される地元負担の重さ、危険性を考慮し、本土へ分散移転された。北富士（山梨）、東富士（静岡）、矢臼別（北海道）、王城寺原（宮城）、日出生台（大分）の５演習場が受け入れ、１９９７年以降毎年４演習場の持ち回りで年計35日以内、１回当たり10日以内の訓練が行われている。

「米軍がいたから、沖縄の痛みはよその地域よりも分かる」と語る天野惣吉さん
＝山梨県山中湖村

用協定で原則認めていない「県境を越えた砲弾演習」があるのでは、との警戒感も強かった。

96年7月、地元へ事前通告なく、国が北富士演習場を含む全国5カ所への移転を内定したことで怒りの声が噴出。「耳元へ弾を撃たれる」「演習で崩れた土は山中湖へ流れ込んでしまう」。演習場の地元の中でも着弾地に近く、米軍が駐留した時代に兵士が出歩いた地域からは特に強い抗議が出た。

膠着状態が続く中、96年11月に山中湖村の当時の高村朝次村長が「国防は大事」と受け入れを容認する発言をしたことで潮目が変わる。当時、村企画課長だった長田良貞さん（76）＝同県山中湖村＝は「あの時点で発言した真意は分からない。だが、着弾地となる国有地は山中湖の近く。弾を撃たれる側の首長の発言だから周囲に受け入れられた」と振り返る。政府が国内5カ所への移転を内定したことで「表立っては言いにくいが、いずれ押し切られ、受け入れざるを得なくなるだろうとの空気はあった」（長田さん）。

反対の声は、水面下での条件闘争へ転換した。吉田恩組が主張したのは、国道沿いの元国有地２１４ヘクタールの地元への返還だった。実現したのは移転から7年後。植林のための土地で数十年は開発ができない。それでも天野さんは「地元に戻ってくればいつか使える。金をもらうより大きなものが残せると考えた」と言う。

受け入れにあたり、それまで飛行場周辺にしか認められていなかった防音工事の補償が砲弾演習に適用された。富士吉田、山中湖、忍野の1市2村には受け入れに伴う交付金があり、移転演習の実施年には計４億５００万円が交付されている。

高村村長とともに国と交渉した天野さんは語る。「朝次だって腹の底では反対だという思いはあったさ。でも演習場のあるところにしか来られないなら、やむを得ない。ならば、少しでもいい条件をつかむのが地域のためなんだ」。

米軍演習に「訓練拡大」懸念

県是との整合性に腐心

１９９６年５月31日、山梨県庁で天野建知事（当時、故人）と、北富士演習場の地元３市村長が向き合った。協議事項は米海兵隊による沖縄県道１０４号越え実弾射撃訓練の本土移転先として、北富士演習場が浮上したことへの対応。富士吉田、山中湖、忍野の３市村長は「いずれ訓練の受け入れは避けられなくなる」との認識で一致していた。

県企画県民局次長として会議に同席した日原健次さん（80）＝甲州市＝は、出席者の発言内容を記録していた。受け入れとなれば、「県是」である北富士演習場の「全面返還、平和利用と段階的縮小」に逆行するとの批判を浴びかねず、「対応を間違えば知事の責任が問われる状況だった」（日原さん）。米軍訓練の移転を見越し、自衛隊の利用を含む演習場での訓練拡大をどう抑えるか――。日原さんが会議のやりとりを記したノートには「日数がポイントになる」との走り書きが残る。

北富士演習場の「全面返還、平和利用と段階的縮小」は67年に当選した田辺国男知事（当時）が掲げ、５年ごとに国と交わす演習場の使用協定で地元側が主張し続けてきた。かつて県や地元関係者でつくる演対協の会長を務めた、元県議の前島茂松さん（91）＝笛吹市＝は「与野党連合でつくった大きな旗印。これを下ろすときは山梨県がなくなるとき、というほど重い存在だ」と語る。

天野知事と地元首長の会議の翌月、北富士演習場の地元では米軍による65年の県境越えリトル・ジョン射撃訓練以来となる大規模な反対集会が開かれた。地元住民に

北富士演習場を巡る県是

北富士演習場に対する地元の基本方針。１９６７年に保守、革新の両勢力から支持を受けて当選した田辺国男知事が「全面返還、平和利用と段階的縮小」を掲げた。その後も維持され、県総合計画２０２１年改定版は「全面解消、平和利用を目指し、段階的縮小を進めていくことを基本姿勢とし、演習場周辺の地域振興と民生安定に向け取り組んでいる」としている。米軍の移転演習受け入れや自衛隊と英陸軍の合同訓練実施などで、形骸化を指摘する声がある。

は演習場内の県有地部分に不発弾が残っていたことへの反発もあった。だが、地元の反対をよそに国は北富士演習場への移転を内定。「県は知っていて地元に黙っていたのか」。演対協の事務局長を務める日原さんはメディアに詰め寄られたが、寝耳に水だった。

問題の決着に向け、県は国に照会し、移転演習で使われる１５５ミリりゅう弾砲は、米軍が過去に北富士演習場で使っていたことを確認。移転演習は「質的に新しい

米軍の移転演習受け入れを巡り「県是との整合性が問われた」と語る日原健次さん　＝山梨県甲州市

ものではない」との見解を固めた。その上で、自衛隊を含め「年２２０日」が上限とされた射撃日数の削減を求める方針を決めた。

国は地元側との交渉で具体的な削減日数は示さなかったが、射撃日数が減っていた当時の演習場の利用実績を踏まえ、「従来の実績をも勘案しつつ、年間の最大射撃日数を超えない」と回答。これを受け県は訓練日数の削減が示唆されたとし、知事は97年5月に防衛庁長官との会談で、移転演習の受け入れを容認する意向を伝えた。知事は席上、受け入れは「県是に反しない」との認識を示した。日原さんは言う。「苦しい理屈だが、県是との整合性をかろうじてとった」。

移転演習受け入れを巡る反対は、かつてのような全県的な反対運動にはならなかった。前島さんは「基地負担を沖縄だけに押しつけるのは申し訳ないという感情。それに北富士演習場に対する県民の関心が薄れつつあったからだ」との見方を示す。一方、県是はこれからも堅持されるだろうとも指摘し、続けた。「全面返還、平和利用という旗はまだ古くなってはいない。県民の心情として、霊峰富士は今も平和の象徴なのだから」。

演習北富士移転から四半世紀

基地負担 根本変わらず

緩やかなカーブを曲がり、山中湖を見下ろす下り坂に出ると、富士山麓に広がる山梨県の北富士演習場に一筋の炎が走っていた（口絵参照）。2021年2月4日夜、阿部素直さん（73）＝同県山中湖村＝は車のブレーキを軽く踏んだ。頭に浮かんだのは昼に聞いた「ドン、ドン」という砲撃音。「あれだけ撃てば燃えるだろう」との思いがよぎった。

演習場では前日から、米海兵隊が沖縄県道104号越え実弾射撃訓練の移転演習を行っていた。阿部さんが炎を見た3日後、新聞には「北富士演習場　また火災」との記事。その後も三たび、四たび火事が起きた。演習場で火事を見るのはその年が初めてではなかったが、これほど頻繁に起きた記憶はない。

高校教員だった阿部さんは退職後、富士北麓の自然に引かれて10年に東京から山中湖村に移住。移り住んだ当初は霊峰の麓で行われる米軍演習の音、振動の大きさに驚いた。今も「早く終わってほしい」と感じつつ、毎年のように行われる演習風景は「日常」となりつつある。

1995年に起きた沖縄の米兵による少女暴行事件に端を発し、米軍基地負担の軽減を目的に始まった県道104号越え実弾射撃訓練の本土移転。「昔ならば『演習場で火災が相次ぐなど、とんでもない』と大騒ぎになっただろう」。北富士演習場対策に長年携わった元富士吉田市職員の清水衛さん（77）＝同市＝は語る。

北富士演習場対策協議会（演対協）

山梨県の北富士演習場に関係する団体、住民の権益を守り福祉の向上を図るため、演習場を巡る問題について国との交渉を行う組織。富士吉田、忍野、山中湖の1市2村と富士吉田市外二ケ村恩賜県有財産保護組合、入会組合、県議会、県などの関係者で構成する。戦後の米軍駐留を経て自衛隊の演習場として使用転換された1973年から国と地元が5年ごとに結んでいる、自衛隊と米軍が使うことに関する使用協定のほか、日米合同訓練など新たな演習受け入れについて、対国折衝の窓口となっている。

97年の受け入れ当時について、清水さんは「海兵隊が沖縄に移る前は北富士にいたと、現役世代がぎりぎり知っていた。訓練の本土移転は反発の中にも『やむを得ない』という声もあった」と振り返る。「今はかつてのような大きな反対もなく、北富士問題に精通し問題を追及する政治家もいなくなった」。

「北富士の暮らしが豊かになるにつれて、演習場について考えることが難しくなった」。演習場の近くに住み、かつて地元関係者でつくる演対協理事を務めた元忍野村議の大森周太さん（67）＝同村＝は言う。戦後、忍野八海が観光地として人気を集め、企業が進出したことで寒村は豊かな村に発展。北富士演習場について「新たな演習の受け入れの話が出るたび、補償を提示され、交渉で県是である全面返還、平和利用といった本質的な議論が置き去りにされる。富士山麓をどう利用するかという青写真が描けない」と大森さんは語る。「本土移転も元をたどれば沖縄の基地負担をどう軽くするかという大きな議論だったはずだ」。

移転演習受け入れに当たり、演対協が示した条件の一つが、在日米軍の特権的地位を定めた日米地位協定の見直しだった。95年10月に開かれた演対協の議事録には、大森さんの「演対協として日米地位協定見直しを要望するのか」との発言が残る。複数の理事が同意し、演対協が国に申し入れた。同年以降、米軍基地を抱える15都道府県でつくる渉外知事会がたびたび改定を要望しているが、「議論が進んでいるとは思えない」（大森さん）。

「米軍が沖縄の県道を封鎖して射撃訓練するという『異常事態』は終わった。だが、沖縄への基地集中は変わらず、北富士での演習が固定化した。結局、25年たっても何も変わっていないのではないか」。

第4部

「痛み」分かち合いは

山梨をはじめとする本土から米軍が移転するなどして、米軍専用基地の7割が集中する沖縄。街角で、インターネットで、沖縄を狙った誤情報の発信や差別の扇動がある。本土では基地がある日常を想像することが難しくなりつつある。第4部「『痛み』分かち合いは」では、沖縄と基地を巡る憎悪表現や無関心の問題を考える。

基地反対　憎悪の的に

ネット空間　広がる「攻撃」

「公務執行妨害で逮捕すればいいのに」。憎悪や差別をあおるヘイトスピーチ解消法が施行されて間もない2016年10月、山梨県に住む男性（48）はインターネットの短文投稿サイト「ツイッター」で、ある著名人のつぶやきを拡散し、賛意の言葉を添えて紹介した。

著名人の発言は、沖縄県の米軍北部訓練場のヘリコプター離着陸帯（ヘリパッド）建設工事に反対する人々に、大阪府警の機動隊員が「土人」と暴言を吐いたことを擁護する内容。動画を元に「沖縄の基地反対派に無抵抗の機動隊員が殴られている」と主張する匿名のつぶやきを引用し、公務執行妨害だとして逮捕するようあおっていた。

実際に暴言を吐かれた人と機動隊員はフェンスで隔てられており、引用元となった匿名のつぶやきは「土人発言」を撮影した動画ではなく、別の動画に言及したものだった。つぶやきは後に削除されたが、ネット上には「理由もなく暴言を吐くわけがない」「金で雇われた反対派」などと、工事に反対する人々への攻撃が噴出。発言が「差別的だ」と批判を呼んだ一方、大阪府知事（当時）は機動隊員をねぎらう言葉を投稿するなどして、さらに暴言が飛んだ。

つぶやきを拡散した男性は「機動隊員が殴られた上での発言なら気の毒だと思った。暴力的な活動はよくない」と意図を説明する。「ネット上の書き込みは落書きみたいなもの。正しいかどうか瞬時に判断できない。一つ一つ裏付けを取るものでもない」と話す。

「土人」がかつて本土で沖縄出身者への侮蔑的呼称として使われたことは知らず、「差別的だ」との指摘はぴんと来ないという。「沖縄といえば、海がきれいで、人がおおらかで、時間がゆったりと流れる場所というイメージ。今、差別なんてないでしょう」。

交流サイト（ＳＮＳ）やニュースのコメント欄などで、沖縄、米軍基地問題を巡る誹謗中傷や、それらにひも付いた誤情報の拡散が後を絶たない。広辞苑の「土人」の

米海兵隊の基地キャンプ・ハンセンのゲート。住民の日常生活のそばに基地がある　＝沖縄県金武町

項を引くと「未開の土着人。軽侮の意を含んで使われた」という意味がある。機動隊員の発言後、沖縄を攻撃する言葉として繰り返し使われた。

山梨県の都留文科大に通う山城由依さん（21）は2月、沖縄県那覇市の実家で、ネット上の「沖縄ヘイト」を可視化した展示を伝えるニュースを見た。画面に目を凝らすと「日本人と沖縄土人を一緒にするな」という一文を見つけた。「文化的な背景は違っても同じ日本人。なぜ、そんなふうに言われるのだろう」。

大学進学後、山城さんはツイッターで沖縄の新聞社の記事を読み始めた。地元を離れるにあたり、沖縄のニュースに少しでも触れたいと思ったからだ。だが、記事にぶらさがった言葉を見て心が冷えた。「ねつ造」「補助金を増額したいのか」。米軍基地問題を伝える記事には、匿名の憎悪が集まっていた。

日々の暮らしで、ネット空間で見たような攻撃的な言葉を投げ掛けられることはない。沖縄文化に愛着があり、周りの友人も興味を持ってくれていて、SNSで発信することもある。ただ、米軍基地問題に触れることは避けている。「日常生活でも触れづらい。口にするのは、少し怖い」。

米軍基地問題　渦巻く差別

沖縄の米軍基地問題を巡り、インターネットなどを通じて事実と異なる情報や差別をあおる言葉が発信されている。差別扇動に加担せず、正確な情報に基づいた議論を促すにはどうすればいいのか。過去の事例や識者の意見、自治体や事業者の取り組みを紹介する。

「売国奴」「土人」
「テロリストみたい」
反対派に暴言や投稿

沖縄の米軍基地問題を巡っては、問題に関わる人たちを誹謗中傷する街頭での発言や交流サイト（ＳＮＳ）への投稿が問題となっている。基地問題に関する知識が十分でないために誤った情報を発信するだけではなく、意図的に憎悪や差別を扇動する「ヘイトスピーチ」もある。

２０１３年1月に沖縄県の市町村長や議会関係者らが米軍普天間飛行場へのオスプレイ配備に反対するデモ行進を東京都内で行った際は、旭日旗や日章旗を掲げた集団から「売国奴」「ドブネズミ」との言葉を投げかけられた。参加者の一人は「米軍基地があることによって日常生活が脅かされている沖縄の状況が、本土に伝わっていないと感じた」と振り返る。

16年10月には、沖縄県東村と国頭村にまたがる米軍北部訓練場のヘリパッド建設工事を巡り、警備に当たっていた大阪府警の機動隊員が反対派に対して「土人」と発言。動画はインターネットに投稿され、府警は隊員を戒告の懲戒処分とした。

沖縄県議会は「土人」は「未開・非文明」といった差別用語にあたるとして抗議。一方、土人発言の現場とは別に撮影された動画を引用して隊員を擁護する匿名の投稿も広がった。大阪府の松井一郎知事（当時）は短文投稿サイト「ツイッター」に「表現が不適切だとしても、大阪府警の警官が一生懸命職務を遂行しているのが分かった。出張ご苦労様」とねぎらう投稿をした。また、鶴保庸介沖縄北方担当相（当時）は「差別だと断じることは到底できない」とし、いずれも批判を受けた。

ツイッターや基地問題に関するインターネットニュースのコメント欄にも、恒常的に誹謗中傷の投稿がある。沖縄県の市民グループは22年2月、県民や県内の外国籍の人を標的にしたインターネットの書き込みや路上での実際の発言を、Ａ３判に印刷して那覇市内で展示。沖縄の当事者を二次的に傷つける恐れがあるとして、県や県議会の関係者らに限定公開した（111ページ参照）。

　このほか、東京MXテレビの番組「ニュース女子」は17年1月の放送で沖縄県の米軍基地反対運動を扱い、反対派について「テロリストみたい」と表現。放送倫理・番組向上機構（BPO）は「重大な放送倫理違反があった」とし、抗議活動に参加する人々のことを「反対派の連中」と呼んだことなどを挙げて「侮蔑的表現のチェックを怠った」など六つの問題点を指摘した。

米軍普天間飛行場へのオスプレイ配備撤回を求めてパレードをする参加者。日の丸を掲げた集団から誹謗中傷の言葉が浴びせられる場面もあった＝東京都内（2013年1月、共同通信提供）

識者に聞く

「民主主義の基盤崩れる」
真偽検証 必要性訴え

瀬川至朗さん
NPO理事長・早大教授

　米軍普天間飛行場（沖縄県宜野湾市）の名護市辺野古移設が争点となった2018年の沖縄県知事選では、真偽不明の誹謗中傷が飛び交った。インターネット空間などの情報のファクトチェック（真偽検証）を推進するNPO法人「ファクトチェック・イニシアティブ（FIJ）」理事長で、早稲田大政治経済学術院教授の瀬川至朗さん（ジャーナリズム論）は「誤情報の拡散によって市民の政治選択がゆがめられ、民主主義の基盤が崩れる」と警鐘を鳴らす。

　うそは飛び回り、真実は足を引きずりながらうそを追っている――。英国の風刺作家ジョナサン・スウィフトの警句を挙げ、瀬川さんは18年の沖縄県知事選を「真偽不明、明確なデマであっても、激しい個人攻撃の情報が拡散された」と振り返る。「客観的な事実よりも、情報の受け手の個人的信条に合う情報、自説を補強する情報が好まれる傾向がある」。

　FIJは17年、誤報・虚報の拡散防止やジャーナリズムの信頼性向上、言論の自由の基盤強化を目的に、弁護士やジャーナリスト、大学教授らが設立した。18年の沖縄県知事選ではメディアや市民に呼び掛け、選挙プロジェクトとしてネットなどの情報を検証した。

　選挙戦に先立ち拡散された「沖縄

が日本の米軍基地の70％を負担しているというのは数字のマジック」などと主張する発言については、防衛白書などを示し「誤り」と判定。瀬川さんは「事実と意見を分け、事実の真偽を検証することが重要。誰かが『発言した』という事実確認だけでは意味がない」と強調する。

瀬川さんは「沖縄は米軍基地がないと経済が破綻する」といった主張について、県や地元メディアが跡地の経済効果を示して繰り返し否定し

「誤情報の拡散によって市民の判断、政治選択がゆがめられ、民主主義の基盤が崩れる」と語る瀬川至朗さん＝東京都内

ていることに言及。真偽不明の情報が消えてはまた登場する背景に「『そう思いたい』本土の人の偏見がある」と指摘する。

瀬川さんは、誤情報は繰り返し発信されるとして、将来的にはファクトチェックの結果をデータベース化し、ＡＩ（人工知能）によって瞬時に判定できる体制が望ましいと語る。「日本でもファクトチェックの必要性が認識されつつあり、報道機関が取り組む意義は大きい。民間による検証体制の強化に加え、情報を読み解くメディアリテラシー教育が不可欠だ」と話す。

自治体、民間事業者が対策推進

ヘイトスピーチ解消法が施行された2016年以降、大阪市や川崎市が独自の条例を制定し、禁止規定や罰則のない理念法に対し、自治体が具体的な対策を取る動きが広がっている。インターネット上で意見を投稿、交流する場を提供する民間事業者は、誤情報やヘイトスピーチを巡り一歩踏み込んだ対策に動いている。

大阪市は16年、民族差別をあおるヘイトスピーチをした個人や団体名を公表する抑止条例を全国で初めて施行。表現の自由を保障する憲法の規定に反するかどうかが問われた住民訴訟で、最高裁が今年2月に合憲と判断した。川崎市では20年、全国初の刑事罰を盛り込んだ差別禁止条例を施行。違反行為を繰り返した場合は最高で罰金50万円が科される。

大阪市によると、取材時までに市のヘイトスピーチ審査会に諮問した件数は64件。審査を終えた32件のうち11件がヘイトスピーチに該当すると認定された。初年度に21件あった被害の当事者による申し出は、21年

度は3件にまで減少した。市の担当者は「禁止事項はないが、街中での激しい街宣活動が減り、一定の啓発効果が得られた」と振り返る。

一方、ヘイトスピーチ解消法と同様、自治体の条例も対象が日本国外の出身者に限られるなど、課題は多い。SNSやニュースのコメント欄、掲示板などを運営するインターネット事業者は、ヘイトスピーチや誤情報についての独自の基準を設け、警告、削除するなどの対策に動いている。

07年からニュースのコメント欄を運営するヤフーは、誹謗中傷などの違反コメントを24時間体制でパトロールする。21年10月には人工知能（AI）が基準に基づきコメント欄を非表示にするシステムを導入。同月の衆院選期間中は、公正さをゆがめ影響を及ぼしうると判断した書き込みに注意文を掲載した。同社の担当者は「健全な言論空間を維持するため、非表示にする条件などについては今後も継続的に改善を続けていく」と話した。

識者に聞く

法大沖縄研専任所員

大里知子さん

歴史知らない人が反応

沖縄の米軍基地問題を巡り差別をあおるヘイトスピーチや誤情報が飛び交う背景について、法政大沖縄文化研究所准教授の大里知子さん（近現代史）は「本土のために沖縄が犠牲になるのは仕方ない、とする無自覚の差別がある」と語る。「土人」発言は「戦前の沖縄差別が残っているという単純な話でなく、言うことをきかない『反政府的存在』と見なして攻撃するもの」と指摘。「歴史が攻撃材料として使われ、沖縄の痛みの深い部分が理解されていない」と話す。

戦前の日本政府が行った同化政策の歴史を、大里さんは「沖縄を本土と異質な劣ったものとみなし、『近代化＝日本化』が進められた」と説明。戦後も、本土では職場や地域での差別を恐れ、沖縄出身であることを隠す人もいた。だが１９９０年代以降、音楽やテレビドラマで空前の沖縄ブームが到来、一転して憧れの対象に。「昔の文化的な差別と今のヘイトは必ずしも連続していない」。

大里さんは「『野蛮』の印象は払拭されたが、沖縄に求められるものは青い海、穏やかな人と時間――と、『異質さ』であることに変わりはない」として、そのイメージは時に基地被害を覆い隠す、とくぎを刺す。「米軍基地建設に反対する人は『穏やかな沖縄』に当てはまらない、都合の悪い存在。『沖縄人』ではなく、国の防衛を妨げる『反日』を嫌う人に、沖縄を文化的、民族的に差別している意識などないだろう」と語る。

琉球王国時代、日中両属関係にあった沖縄には、首里城に代表される文化的な影響が残る。「沖縄が中国になる」などの発言について、大里さんは「歴史を引いて何かを言うとき、立ち位置で解釈が変わる。誤情報や極端な解釈など、ネット上の『餌』に歴史を知らない人が反応し、都合よくねじ曲げて攻撃材料にしている」と語る。

２０１３年、大里さんは東京・銀座でオスプレイ配備撤回を訴えるパレードの現場に足を運んだ。「沿道で『沖縄はわがままを言うな』と怒声が飛び、その周りを大勢が『関係ありません』という顔で通り過ぎる。ネット上と同じ構造だ」と語る。

17年にＮＨＫ放送文化研究所が行った意識調査では、沖縄に米軍基地があることについて、沖縄では「必要ない」「かえって危険」と否定が48％で最多なのに対し、全国では「必要」「やむを得ない」の容認が71％と逆転した。大里さんは「本土を守るためには仕方ないという無自覚な構造的差別で、沖縄を捨て石にした77年前と何も変わらない。無関心は差別の構造を強化することにつながる」と語った。

「本土を守るには沖縄が犠牲になるのは仕方ない、という無自覚な差別がある」と語る大里知子さん＝東京都内

おおざと・ともこさん　法政大沖縄文化研究所専任所員・准教授。53歳。

識者に聞く

京大法学部教授

曽我部真裕さん

多様性理解　教育、説得を

差別をあおるヘイトスピーチが社会に与える影響について、京都大法学部教授の曽我部真裕さん（憲法、情報法）は「弱い立場の属性を攻撃することで、ただでさえ脆弱な地位にある者が社会から排除されることが問題だ」と指摘する。その上で「被害者が傷つく短期的影響と、差別に基づいた社会通念が形成される中長期的影響がある」と語る。前者は発言者の責任追及や規制、後者は教育や啓発、説得を通じて防ぐ必要があるとした。

２０１６年に施行された、国外出身者への不当な差別的言動の解消を推進するヘイトスピーチ解消法には刑事罰がない。曽我部さんは「問題が周知され、悪質な街宣活動が減ったという点で一定の効果はある」と評価する一方、「表現の自由の範囲外としか言いようのない暴言は減ったが、より巧妙になった」と指摘する。「政策批判の体裁であれば、特定の集団に不利な主張でも規制できない。弱者への攻撃的な発言は残る」

フランス、ドイツでは、紙の出版物、ネット空間を問わず、集団へのヘイトスピーチを犯罪として取り締まる。一方、日本ではヘイトスピーチに法律上の明確な定義がない。曽我部さんは「特定個人の被害者がいない場合、どこまで法的に規制できるかという問題が付きまとう」と話す。

ヘイトスピーチ解消法は日本国外の出身者が対象で沖縄は対象外だが、沖縄と米軍基地問題を巡るネット上の暴言はしばしば「嫌韓」「嫌中」のヘイトスピーチとの関連が指摘される。曽我部さんは「領土問題や歴史認識などを巡って日韓、日中で政府間の対立があるように、沖縄では基地問題を巡る県と政府の対立があり、『反日的だ』と位置づけられ、標的にされやすい」との見方を示す。

曽我部さんは「誤った情報を基に差別をあおる雑誌や書籍が堂々と出版され、政治家が引用してお墨付きを与えるような現状を深刻に考えるべきだ」と指摘。ネット上に差別的な発言やデマが拡散、蓄積されることで「知識のない人がそれらを『学習』する環境が生まれる」とも。ただ、「ある情報が誤りだという理由で全て削除、規制することにも慎重であるべきだ」として、事業者による警告や、独立した組織によるファクトチェックの推進が有効だとした。

「正しいことしか言えない社会は息苦しい社会でもある。法の規制をかいくぐって行われる弱者への攻撃を防ぐためには、多様な個人が共生できる社会の重要性が理解されるよう、教育や啓発、説得といった取り組みが求められる」と話す。

ヘイトスピーチについて「悪質な街宣活動は減ったが、より巧妙になっている」と語る曽我部真裕さん＝京都府内

そがべ・まさひろさん　京都大法学部・大学院法学研究科教授。大阪市ヘイトスピーチ審査会会長。世界人権問題研究センター研究員。47歳。

基地の負担 進まぬ理解

都内デモ 民意に刃

「売国奴」「ドブネズミ」――。2013年1月27日、東京・銀座。沖縄県の米軍普天間基地へのオスプレイ配備に反対するデモ行進をしていた市町村長や議員に、日章旗を掲げた集団が罵声を浴びせた。沖縄県議だった新里米吉さん（75）＝同県西原町＝の耳に届いたのは「国のために犠牲になるのは当然じゃないか」の言葉。悔しくてうつむいた。本土を代表する声ではないことは分かっていた。だが、敵意をあらわにする集団を止める動きがなかったのも、事実だった。

本土の土を初めて踏んだのは、沖縄がまだ米統治下にあった1964年。パスポートを携え、高校のバレー部主将としてインターハイ会場の石川県を訪れた。到着して驚いた。高校に体育館がある。校庭にネットを張り、砂ぼこりにまみれて練習する沖縄とは大違いだった。

帰りに立ち寄った五輪開催直前の東京は「もはや別世界」（新里さん）。高層ビルの合間を縫うように高速道路が走る。国立競技場は芝の緑がまばゆかった。そして、

都内でのオスプレイ反対デモ

米軍普天間基地へのオスプレイの配備撤回と県内移設断念を求めて、沖縄県の市町村長や議長、県議らが2013年1月27日に行ったデモ行進。東京・日比谷公園や銀座周辺を歩き、首長参加の要請行動としては沖縄の日本復帰後で最大規模とされる。翌28日には、基地へのオスプレイ配備撤回と基地撤去・県内移設断念を求める「建白書」を政府に提出した。建白書には全41市町村長が署名・押印し、沖縄県の民意と位置づけられた。

訪ねた街のどこにも米軍基地はなかった。

「日本に復帰するしかない」。繁栄を謳歌するために。基地のない平和な島を取り戻すために。祖国復帰運動に身を投じた。悲願はかない、72年の復帰が決まった。

しかし、喜びはやがて落胆に変わった。沖縄返還協定には、米国に引き続き基地が提供されると記されていた。経済的には発展したが、基地負担は変わらなかった。国内にある米軍専用施設のうち沖縄が占める割合は、復帰

当時は59%。今は71%だ。

2013年に沖縄県の政治家が保守や革新の立場を超えて上京したのは、基地集中の痛みを知ってほしかったからだ。「復帰して良かった。けれど、苦しみが分かち合われていないのではないか、との思いは消えない」（新里さん）。

沖縄県道104号の左右両側にあるキャンプ・ハンセンと米軍基地問題について語る儀武剛さん。1990年代まで県道を封鎖して実弾射撃訓練が行われていた　＝沖縄県金武町

金武町の町長だった儀武剛さん（60）もその日、東京で罵声を浴びた。

金武など4市町村には、米海兵隊基地キャンプ・ハンセンがまたがる。北富士演習場の米海兵隊が沖縄に移駐した3年後に工事が始まり、儀武さんが生まれてすぐの1962年に完成した。

町では訓練という訓練はすべて行われた。射撃演習、上陸演習、宙づり輸送訓練――。本土復帰後には、町内を東西に走る沖縄県道１０４号の上を砲弾が飛ぶ射撃訓練が行われた。90年代に山梨県の北富士演習場など本土５カ所に移転されるまで、県道が毎月のように封鎖される異常事態が続いた。

基地周辺の被害は絶えなかった。家屋に流れ弾が飛ぶ。催涙ガスが流出する。公務中の事件の一次裁判権を米側に認める日米地位協定が、事実の解明を阻んだ。95年の沖縄少女暴行事件もキャンプ・ハンセンの兵士による犯行だった。

東京で暴言を受けて思い出したのは、米海軍省が44年11月にまとめ、沖縄の占領政策に大きな影響を与えたとされる「琉球列島に関する民事ハンドブック」。その一節に、こうある。「琉球人と日本人との関係に固有の性質は潜在的な不和の種であり、政治的に利用できる要素をつくることができるかもしれない」。

金武町には今も乾いた銃声が響く。本土で暮らす多くの人が、聞くことがないであろう音。儀武さんは言う。「米軍基地や訓練への皮膚感覚の違いから不和が生じ、差別につながることは避けなくてはならない」。

「危険な空」隣り合わせ

保育園にヘリ部品落下

「園長先生、ヘリからものが落ちてきました」。２０１７年12月7日午前10時半前、沖縄県宜野湾市の普天間バプテスト教会付属緑ケ丘保育園。青ざめた表情でそう告げる保育士の言葉の意味を、園長の神谷武宏さん（59）はすぐにのみ込めなかった。

園舎2階のベランダから身を乗り出してトタン屋根を見ると、手のひらに載るくらいの円筒状のプラスチック部品が転がっていた。貼られていたのは「ＲＥＭＯＶＥ　ＢＥＦＯＲＥ　ＦＬＩＧＨＴ（飛行前に取り外すこと）」と記された赤いラベル。屋根には落ちた時の衝撃によるものらしきへこみがあった。保育園から３００メートルほどの距離にあり、「世界一危険」といわれる米軍普天間基地のことが、すぐに思い浮かんだ。

緑に囲まれて普段は静かな保育園は、たちまち警察や報道関係者で大騒ぎになった。米軍は部品が大型輸送ヘリＣＨ53Ｅのものであることは認めたが、落下については「可能性は低い」とした。

米軍普天間基地

沖縄県宜野湾市にある米海兵隊が管理する基地。住宅や学校が密集する市街地にあり、故ラムズフェルド元米国防長官が視察した際に「世界一危険な基地」と表現したとされる。２００４年８月に沖縄国際大に米軍の大型輸送ヘリが墜落、炎上。17年12月に普天間第二小の運動場に大型輸送ヘリの窓が落ち、21年11月にはＭＶ22オスプレイから住宅敷地に水筒が落下するなど基地周辺で重大事故が相次ぐ。基地面積は４・８平方キロ。名護市辺野古への移設計画が進められているが、県民に根強い反発がある。

部品が見つかったのは園庭まで50センチほどの場所。2、3歳児が屋外で遊び、屋根の下には1歳児がいた。神谷さんはメディアの取材に「二度と保育園の上を飛ばないでほしい」と答えた。子どもを守る立場の切実な訴えだった。

週明けの月曜日から、中傷の電話が鳴りやまなかった。「米軍は落ちていないと言っている。ねつ造だ」。名前も告げず、がなりたてる。沖縄の抑揚ではない。どこから電話しているか尋ねると、ある人は「わしは江戸っ子じゃ」と怒鳴った。「補助金をもらっているのだから我慢しないと」と書いたメールも届いた。

電話では冷静な応対を心がけたが、「そんな保育園に通わせる親の気が知れない」という言葉は我慢ならなかった。抗議すると、相手はしゅんとなった。「沖縄であろうが本土であろうが、保育園や学校に物が落ちるのは異常な状況。主義主張や思想信条ではなく、命の問題なのに」（神谷さん）。

中傷はあったが、それ以上に励ましのメッセージが寄せられた。父母会が「米軍ヘリの保育園上空の飛行禁止」などを求めた署名には、14万筆が集まった。４割が県外で、山梨を含むすべての都道府県から届いた。「たくさんの激励の手紙を見て、誹謗中傷はごく一部に過ぎないのだなと救われた」。

トタン屋根の上でヘリ部品を見つけた時の状況を話す神谷武宏さん。手前のへこみが落下の衝撃によるものとみられる。奥の園庭で子どもたちが遊んでいた　＝沖縄県宜野湾市

事故から４年。原因の解明には至っていない。保育園上空は今も、ヘリコプターや戦闘機がごう音とともに飛び交う。普天間飛行場の航空機の離着陸頻度は増している。防衛省沖縄防衛局の目視調査では20年度は１万８９７０回（通過など含む）で、17年度（１万３５８１回）の１・４倍となった。

航空機が通過するたびに絵本の読み聞かせは中断し、子どもを園庭で遊ばせられない日もある。単にうるさいだけでなく、耳が痛いと泣く子がいるからだ。保育園屋上に設置された騒音測定器が１１０デシベルを観測した日もあった。２メートルの距離で車のクラクションを聞くのとほぼ同じだ。

事故後、忘れられない出来事がある。保育園の礼拝の時間に、小さな手を合わせてぼそぼそとつぶやく男の子がいた。「神さま、お空からものが落ちてきませんように」。幼子がそんなお願いをしなくていい、穏やかで安全な空がほしい。けれど、当たり前の日常でさえ手が届かない現実が、横たわっている。

言葉の暴力 苦しむ県民

あふれるヘイトスピーチ

191枚のA3用紙が、壁一面に貼られていた。黒地に白い文字で書かれていたのは、沖縄や外国籍の人への差別を扇動する「ヘイトスピーチ（憎悪表現）」。2022年2月21日、沖縄県那覇市のギャラリー。県がヘイトスピーチ規制条例制定に向けた作業を進めるなか、反ヘイトに取り組む市民団体が県内での街頭の発言やインターネットへの投稿を印刷し、一日限りで展示した。

市民団体メンバーの赤池敏生さん（49）＝同県うるま市＝は、壁の前で立ち尽くした。罵り、脅し、煽り、嘲り、貶め——。沖縄への悪意を凝縮したような言葉の数々が、自分に向けられているような感覚になった。気分が悪くなり、その場を離れた。

反ヘイトに関わり始めたのは20年5月。那覇市役所前で以前から行われていたヘイトスピーチの街宣をやめさせようとしている人がいることを知り、「なにか役に立てないか」と訪ねた。集まった人たちで市民団体「沖縄カウンターズ」をつくり活動を始めた。たいていは街宣できないように、市役所前に植えられたガジュマルの木の下で世間話をする。併せて交流サイト（SNS）の投稿にも目を配ることにした。

街宣もさることながら、インターネットのヘイトスピーチの悪質さは想像を超えていた。明らかに差別を扇動する意図の投稿がある。一方、基地問題の現状を知らず、思い込みや偏見による書き込みもあった。

赤池さんは沖縄が日本に復帰する直前の1972年5月7日、旧コザ市（現沖縄市）に生まれた。父親が勤務す

沖縄カウンターズ
那覇市役所前で行われていた街宣による沖縄や外国籍の人たちへのヘイトスピーチを阻止するため、2020年5月から活動する市民団体。ヘイトスピーチが差別された人たちに健康被害をもたらし、暴力行為にエスカレートする可能性があることなどを一般の人たちに伝えるリーフレットを作成。短文投稿サイト「ツイッター」に書き込まれる憎悪表現や差別の扇動に注意を促す活動もしている。

る総合建設会社は、米軍基地建設を請け負っていた。現場は米海兵隊基地の「キャンプ・ハンセン」に「キャンプ・キンザー」。仕事に合わせて、小学校だけで3回転校した。

父親の故郷は山梨県身延町。何年かおきに帰省した。海に囲まれた沖縄とは正反対の、山々が折り重なる土地。米軍機が爆音を放つたびにテレビ画面が乱れる沖縄とは違い、身延ではるか上空に見上げる飛行機は豆粒ほどの大きさしかない。「空というのはこんなにも静かなものなのだと、山梨で知った」（赤池さん）。

那覇市役所前にあるガジュマルの木の下で、市民団体のメンバーと話をする赤池敏生さん（右）　＝沖縄県那覇市

今は倉庫会社に勤務する。仕事で米軍基地に出入りし、米兵の知り合いもいる。北富士演習場など本土から沖縄に移駐した海兵隊は有事即応部隊。情勢が緊迫すると、明らかに殺気立った雰囲気になる。いやが上にも世界の争いごとに敏感になる。

２００１年の米中枢同時テロでは米軍基地ゲートの警備が厳重になった。沖縄からも派兵されたイラク戦争では、米国の知人から「戦場から生還した友達がひきこもりのようになってしまった」と相談を受けた。母国から遠く離れた日本に派遣された若い米兵の身の上を思うと、気の毒だと感じることもある。国と、生身の人間は違うと肌で知る。「沖縄で生活していて、経済的にも人間関係的にも米軍とは無縁でいられない。アメリカ人は嫌いではないが、基地はないほうがいい」（赤池さん）。

背反する思いや割り切れない気持ちを抱えながら、基地がある現実と折り合いをつけようとしてきた。なのに、複雑な胸の内に思いを至らせることなく、どうして軽率に暴言を吐くのか。差別や憎悪がまき散らされないためには。赤池さんは言う。「発信する前に少しだけ想像してほしい」。その言葉に間違いはないのか、誰かを傷つけることはないのかを。

ネット社会 分断に危惧

積み残された基地問題

沖の荒波に揺られる貨客船で、何隻もの米軍艦を見送りながら待つこと半日。港に入ると、英語の標識と、下に小さく添えられた日本語が見えた。1963年3月、米統治下の沖縄。当時25歳だった立川善之助さん（84）＝山梨県市川三郷町＝は、県青年団協議会の代表として、沖縄の祖国復帰運動への連帯を求める同世代と向き合った。

「日本人として、本土と同じ権利が欲しい」。全国から集まった青年団を前にそう訴える沖縄の代表は、「沖縄県民」という言葉を繰り返し口にした。法、教育、暮らしに関わる全てにおいて「平和憲法の下にありたい」という切実な願いを突きつけられ、「共に頑張ろう」と約束を交わした。

沖縄滞在中、沖縄戦の痕跡と米軍基地周辺を巡った。「この区画は一家全滅。ここもそう」。戦争を自らの体験として語る青年は「われわれよりはるかに大人だった」（立川さん）。地元の若者は言った。「皆、日の丸の下に死んだ。まだ何も顧みられず、置き去りにされている」。苦々しい語り口に、日本復帰のシンボルとして日の丸を掲げることには、痛みを伴う葛藤があることを理解した。

72年5月、沖縄の本土復帰を伝えるニュースを立川さんは複雑な思いで眺めていた。ブラウン管に映る、喜びに沸く人々と日の丸。沖縄の住民が解消を訴えた米軍基地問題は積み残された。「沖縄で会った彼らにとって

沖縄の祖国復帰運動

戦後、米統治下にあった沖縄で日本への復帰を求めて展開された運動。日本への帰属か、独立か、国連による信託統治かを巡り議論を呼んだ。米軍の長期統治で軍事優先政策が取られたことへの反発や、軍用地問題に端を発した島ぐるみ闘争などを背景に全島的な運動に発展。沖縄教職員会など幅広い団体が統一組織をつくり、自治の拡大や国政参加、人権擁護などを主張した。米国は基地機能の確保を条件に施政権返還に応じることを了承。米軍基地問題は残されたまま、1972年5月15日に日本へ復帰した。

は、『裏切られた』という思いがあるだろう」。50年を経て、立川さんはそう語る。

立川さんは長年にわたり、戦争体験の伝承などの活動をする山梨県平和センターの代表を務めた。半生をささげた平和運動の根底に、自らが疎開で味わった苦しさと、沖縄で交わした約束がある。

インターネットの普及で社会運動は様変わりしつつある。短文投稿サイト「ツイッター」でスローガンを投稿し、考えを共有する動きが浸透。2020年5月には、検察幹部の定年を政府の判断で延長可能にする法改正への抗議が広がり、見直しにつながった。匿名の連帯に「新しい可能性を感じた」（立川さん）。

「沖縄の青年たちは、われわれよりはるかに強い平和への思いを持っていた」と語る立川善之助さん　＝山梨県市川三郷町

一方、米軍基地問題を巡って、沖縄に「嫌なら日本から出て行け」といった言葉が放たれることについて、「分断も深まった」と危惧する。

かつて北富士闘争に身を投じた一人。演習場内で花火を上げ、体を張って砲弾演習に抗議した。沖縄の首長が東京・銀座の街を歩いてオスプレイ配備撤回を訴え、差別的な罵声を浴びたときよりも、はるかに激しい運動のかたち。衝突はあった。ただ、「今の沖縄のような、差別的な妨害を受けたことはなかった」。

1997年から本土に分散移転された米軍の沖縄県道104号越え実弾射撃訓練の受け入れでは、山梨への移転に反対するとともに「沖縄から基地をなくせ」と訴えた。今なお続く沖縄への基地集中に、「われわれの運動が未熟だったから。社会を変えるに至らなかった」と忸怩たる思いを口にする。

海兵隊が山梨を含む本土から沖縄へ移った経緯を知る一人として、本土の負担を「肩代わり」している沖縄への心苦しさがあった。今、米軍基地負担を巡り沖縄に浴びせられる誹謗中傷からは、そうした感情は読み取ることができない。

相互理解にもどかしさ

基地負担伝わらない実態

鳥のさえずりが聞こえる富士北麓の春は、実家と比べて随分静かだ。1983年、夫の故郷である山梨県山中湖村へ移り住んだ渡辺ひとみさん（63）は、米空軍の嘉手納基地がある沖縄県嘉手納町で生まれた。父の生家跡地は、現在は滑走路に。基地の目と鼻の先にある実家には今も母が住む。窓を閉めきっても、米軍機が離着陸する時は目の前で話す声が聞こえない。

5セント硬貨で駄菓子を買うのが日常の米統治下で育った。小学4年の頃、米軍のB52爆撃機が離陸に失敗し墜落炎上。深夜、爆風で家中のガラスが割れて飛び起きた。「戦争だ」と、破片だらけの室内で靴を履き、逃げようとした。ベトナム戦争の時は、出撃・補給拠点となった基地から飛び立つ戦闘機の音で「有事」を感じ取った。友人と手をつなぎ、「人の鎖」で金網を囲んで基地に抗議したこともある。

米軍基地負担を巡り、沖縄を攻撃する言葉が飛び交っていることは知っている。それを肯定する人がいることも。何も知らないのだろう、と思う。「沖縄のきれいなところしか見たことがないのね」。兄や妹も米軍基地で働き、基地の存在に異議を唱える難しさも分かる。ただ「沖縄は金をもらっているくせに黙れ」という言葉は、流すことができない。

1997年、沖縄県道104号線越え米軍実弾演習が山梨県の北富士演習場を含む本土に分散移転した。自宅は防音工事の補償対象外。射撃の音はうるさいが、死の恐怖を感じたことはない。富士北麓で30年近くを過ごし

米軍嘉手納基地

沖縄県嘉手納町、北谷町、沖縄市にまたがる極東最大の米空軍基地。旧日本軍の飛行場を米軍が接収し整備拡張した。面積約2千ヘクタールで約3700メートルの滑走路を2本備え、戦闘機や空中給油機、特殊作戦機などが常駐する。ベトナム戦争時には出撃・補給の拠点となった。地元住民からは飛行騒音のほか、駐機中のエンジン音や悪臭に対する苦情が多く寄せられている。

「嘉手納と富士北麓では聞こえる音が違う」と語る渡辺ひとみさん（左）と娘の石井有妃さん＝山梨県山中湖村

た今、実家に帰省するたびに、騒音と照明の明るさの中で眠るのが難しくなりつつある。

２０２２年の春、93歳で他界した義父は、北富士演習場に米軍基地キャンプ・マックネアがあった時代を知る世代。米軍占領下の村については語らなかったが、沖縄戦の本を読み、嘉手納の実家へも足を運んで「沖縄を分かろうとしてくれた」（渡辺さん）。

その義父が晩年、ニュースで米軍普天間飛行場（沖縄県宜野湾市）の名護市辺野古への移設に反対する人々を見て、「しょうがないじゃないか」と口にしたことがあった。歯がゆさを感じた。演習場近くに住み、基地がある痛みを知る義父にでさえ、沖縄の根っこの部分までは伝わらない。「ましてや基地が身近にない若い世代に、どこまで伝わるか」。

渡辺さんの長女、石井有妃さん(38)＝山中湖村＝は幼い頃、夏休みを沖縄の祖父母の家で過ごした。物心ついた頃、祖父と出掛けたステーキハウスで米国人とみられる黒人の男性を見た。暗い店内で白い歯を見せて談笑する男性をじっと凝視する石井さんを、祖父が諭した。「肌の色や言葉が違っても、有妃ちゃんと同じだよ」。

沖縄戦で幼いきょうだいを連れて逃げ惑った祖父は、食糧が得られず、目の前で餓死する家族を見た。地上戦を経て、帰るはずだった家は、基地と街を隔てる金網の奥で更地にされていた。だが、石井さんは米兵を悪く言う祖父を見たことがない。「戦中、戦後に体験した憎しみや差別を後の世代に残さないよう、寛容さを教えてくれた」。偏見を持たず、立場や考え方の違いを超えて対話できるように――。石井さんは、祖父の記憶にそんな願いを重ねる。

歴史を知り「自分事」に

若年層 広がる無関心

「修学旅行で沖縄に行かなかったので、沖縄戦は知りません」。山梨学院大教授で歴史学の講義を受け持つ小菅信子さん（61）は4月中旬、学生に沖縄戦に関する知識や関心を問う記述式のアンケートをした。回答で目に付いたのは、屈託のなさを感じさせる記述。20年前の講義は前置きなしで「沖縄戦が」と話せた。だが、いつからか学生が知らないことを前提に話をするようになった。

沖縄戦について、ほぼ知らないと答えた学生は約3割。歴史の教科書にあるような要点をつかんだ回答は約2割。修学旅行で戦跡を訪ねた学生の多くは、現地で見聞きした具体的な話を断片的に記していた。「日本軍と米軍の戦い」「残酷な戦争」といった曖昧な回答も多く、沖縄戦について、明確なイメージを持つ学生はほとんどいなかった。

沖縄戦は「日本の近現代史を学ぶ上で欠かせない」（小菅さん）として、毎年のように講義で扱う題材だ。「15年ほど前まで、学生たちの中にも、沖縄を本土防衛の捨て石としたことや、基地負担を肩代わりさせてきたことに対する漠然とした後ろめたさのようなものがあった」と小菅さん。今はそれが見られなくなったという。米海兵隊が山梨を含む本土から沖縄へ移ったことだけでなく、地上戦があったことすら知らない学生がいる現実。「社会が暗黙の共通認識を持っていた時代は過ぎた」。

戦争知識の有無にかかわらず、ほとんどの学生が「沖

沖縄戦

太平洋戦争末期の1945年3月26日、米軍が沖縄・慶良間諸島に上陸して始まった地上戦。4月1日には本島に上陸し、空襲や艦砲射撃など「鉄の暴風」と呼ばれる猛攻撃を加えた。日本軍の組織的戦闘は6月23日、南西諸島の守備を担った第32軍司令官の牛島満陸軍中将らが自決して終わったとされる。その後も局地戦は続き、現地の日本軍の部隊が降伏調印したのは終戦翌月の9月7日だった。日米双方で計20万人超が死亡し、うち一般住民は推計約9万4千人を占める。

縄に行ってみたい」と答えた。理由として、きれいな海、食べ物など自然や文化に対する興味が記されていた。

ゼミで日韓関係をテーマに研究する学生は毎年いる。約10年前までは旧日本軍の慰安婦問題や朝鮮半島の植民地支配といった歴史認識に関する研究が主流だったが、ここ数年は食事や美容、芸能などのテーマに代わりつつある。

「歴史への関心が薄れ、痛みに共感することが難しくなっている」と語る小菅信子さん　＝山梨学院大

「かつて歴史を知ることは国際交流の大前提となる基礎教養だった。今の若者は歴史を論じずに、興味があることに入る。沖縄についても、同じことが起きているのでは」（小菅さん）。

米軍基地問題を巡り、憎悪や差別をあおる激しい言葉が飛び交う。偏見に基づく誤情報や、意図を持って書き込まれたうそも。小菅さんは「今、学生たちの間に憎悪や差別など攻撃的な空気はない」と言う。感じるのは無関心層の広がり。「それゆえ危うさがある。憎しみや蔑視をあおっているのは一部の人たち。無関心層は『面白い』『知らなかった』と軽い気持ちで拡散してしまいかねない」。扇動する側と同じくらい、情報を受け取る側の責任が問われると考えている。

米軍基地問題で、沖縄に攻撃的な言葉を投げつけることと、無自覚に拡散することは「本土にとって都合の悪いものを直視したくない、という根でつながっている」（小菅さん）。差別や憎悪の拡散にあらがい、痛みへの共感を広げるための行動とは。小菅さんは言う。「まず歴史を知り、足を運び、少しずつ距離を縮めていく。沖縄が自分と無関係ではないと意識することができれば、負の連鎖を断ち切ることができるのではないか」。

第5部

それぞれの5・15

沖縄県は2022年5月15日、米統治下から日本に復帰して50年の節目を迎えた。日本復帰後、沖縄の住民生活は変わったが、米軍基地は残り「基地のない島」という理想とかけ離れた現実への失望も広がった。山梨と沖縄にゆかりがある人の個人史に「5・15」はどう位置づけられるのか。それぞれの半生をたどる。

「基地なき島」実現遠く

平和への期待 失望に

「こんな復帰は望んでいない」。1972年5月15日、雨の沖縄・那覇。日本政府の南方連絡事務所に勤めていた山城武男さん（79）＝沖縄県宜野湾市＝は、万歳三唱で復帰を祝う本土の様子を映したテレビに冷めた視線を送った。かつては祖国復帰運動に身を投じた一人。職場のすぐ隣の市民会館では式典が行われ、外では学生が米軍基地を残したままの復帰に抗議するプラカードを掲げていた。

祖父は戦前、山梨から沖縄に渡り女子高校を設立した現山梨県北杜市出身の八巻太一。父は姓を「山城」と沖縄風に改めた。戸籍上の読みは「やましろ」だが、古くからの知人は今も「やまき」と呼ぶ。差別や偏見を恐れ、本土に移住しても生まれた地を隠す沖縄出身者が少なくなかった時代。沖縄には本土出身者への反感もあった。「父も暮らしやすさを選んだのだろう」。

沖縄大に通っていた60年代後半。学生自治組織の議長としてデモの先頭に立った。現場は戦後、焼け野原に繁華街が形成され、沖縄復興の象徴として「奇跡の1マイル」と呼ばれた国際通り。「沖縄を返せ」と叫びながら求めたのは、日本復帰による繁栄と平和だった。米軍施設の労働者や教職員と合流し、熱くなった若者が警官ともみ合い「逮捕も覚悟した」。

だが、復帰後も米軍基地が残る可能性が取り沙汰されると、「復帰反対」の声が上がるように。当初求めた「基地の撤去」は骨抜きにされ、復帰当日が近づくにつれ期待は失望へと変わった。「5月15日は本来、平和憲法の下に入った喜ぶべき日。だが、多くの矛盾がそれを阻んだ」。

この半世紀で道路や学校、年金制度などの生活の基盤は整備が進んだ。だが、かつて望んだ「基地のない平和な島」は実現していない。自宅に近い米軍普天間飛行場には輸送機オスプレイが配備され、騒音は増した。「重い基地負担は変わらない。今も沖縄の住民は国の統治が及ばない『化外の民』であるという意識が、底流にあるのでは」。

住宅地に近い米軍普天間飛行場を見ながら「重い基地負担は変わらない」と語る山城武男さん
＝沖縄県宜野湾市

「甲子園では全く歯が立たず、本土との差に圧倒された」と語る八巻勝男さん　＝沖縄県うるま市

山城さんの弟で、首里高野球部員として63年に春の選抜高校野球大会で甲子園の土を踏んだ八巻勝男さん（78）＝同県うるま市＝にとって、青春の記憶にはほろ苦さが入り交じる。初戦で敗退し、検疫で「聖地」の土は「外国」の土だとして海に捨てられた。「バットケースにわずかに残った土を校庭にこぼして終わり。みじめさが残った」。

少年時代の食事といえば、黄ばんだ古米にマーガリンを一かけ載せてしょうゆを垂らしたもの。卵がつけばごちそうだった。米兵が草野球をすると見に行って、試合後に余った肉や果物をねだった。米兵のお下がりのグラブを使って野球を覚えた。

甲子園の試合でナイターを初めて経験した。整備された土の上を転がるボールはなめらかで、ゴロを捕るとき石の跳ね返りを気にせず突っ込める。あられが降る寒さに震えながら白球を追ったが、私立の強豪校に０―８で完敗。「21三振を奪われた恥ずかしい試合。僕らは体も小さく、技術も未熟だった」。草と石だらけのグラウンドで捕球していた自分たちと相手は、何もかもが違うと感じた。

沖縄の本土復帰後間もなく結婚し、名字を「山城」から「八巻」に戻した。沖縄の方言を禁じられ、「祖国」への同化教育を受けた世代として本土に抱いた劣等感は、今の若者からは感じられない。だが、子どもの貧困率はいまだ全国の２倍で、最低賃金も全国最下位。自身がかつて感じた本土との格差は今なお尾を引く。「切り離された20年の空白を取り戻すには時間がかかる。教育も。福祉も。見えにくいところに影響は残っている」。

生活様式 急激な変化
ドルから円、自動車左側通行へ

ドルから日本円への切り替え、自動車の右側通行から左側通行への変更、パスポートの不要化――。沖縄で「アメリカ世（ゆー）」と呼ばれた米統治時代の生活様式は、日本復帰に伴い大きく変わった。

市民の生活にとって大きかったのは、1958年から法定通貨として定着していたドルから日本円への通貨交換。復帰当日の72年5月15日は雨だったが、地元の銀行にはドルと円を交換する人たちで長蛇の列ができた。市民は聖徳太子が描かれた1万円札を感慨深げに手に取り、新聞広告には「日本の書物を円で買う」などのキャッチフレーズが躍った。

琉球新報

変わらぬ基地　続く苦悩

いま 祖国に帰る

沖縄県 きびしい前途

なお残る「核」の不安

解けない「核」への疑惑

解決へ大きな一歩

平和で豊かな県づくりを

きょうから通貨交換

確約は完全に履行

核抜きで米国務長官が書簡

新女性百科事典　素顔の中国　短歌俳句入門　内申書アップ　帰化植物図鑑　トルストイ全集　日本の思潮　沖縄の経済開発　現代地方財政入門　法律学小辞典

「変わらぬ基地　続く苦悩」の見出しで日本復帰を報じた琉球新報1972年5月15日朝刊（琉球新報社提供）

沖縄タイムス

新生沖縄、自治へ第一歩

日本国民の地位回復

27年の米統治おわる

復帰協は抗議大会開催へ

現在の歴史の時点で

きょうから円交換

核の撤去を表明

米国務長官から書簡

武道館で一万人式典

新女性百科事典　内申書アップ　帰化植物図鑑　日本の労使関係　トルストイ全集　日本の思潮　沖縄の経済開発　現代地方財政入門　六法全書　小六法

「新生沖縄、自治へ第一歩」の見出しで復帰を報じた沖縄タイムス1972年5月15日朝刊（沖縄タイムス社提供）

一方、復帰前年にはドルと金の交換停止でドルの価値が急速に下落する「ニクソン・ショック」があり、復帰時の1ドルの交換レートが３６０円から３０５円に低下。市民の所有資産の目減りにつながったほか、通貨交換に伴う商品の便乗値上げもあり、家計は大きな打撃を受けた。

交通標識はマイル表示からキロ表示に変わったが、自動車の対面交通は復帰後もしばらくは米国と同じ右側通行だった。78年7月30日に左側通行にすることが決まり、変更日にちなんで「ナナサンマル」と呼ばれた。

県は新しい交通ルールを周知するキャンペーンを展開。石垣市出身でボクシング世界王者の具志堅用高さんを起用したＣＭも放映され、具志堅さんはカメラに向かってパンチを繰り出しながら「人は右、車は左」とアピールした。

米統治下では本土と沖縄の行き来が厳しく制限され、本土に行くためにパスポートが必要だった。沖縄を統治していた「琉球列島米国民政府」の裁量権が大きく、発給されないこともあった。日本と沖縄を分断する象徴であるパスポートも、復帰によって不要となった。

平和と豊かさの創造を掲げスタートした新生沖縄県。目抜き通りでは横断幕で祝意ムードを高めた＝那覇・国際通り（沖縄タイムス社提供）

山梨関係者の足跡　息づく

島唄の魅力を本土に伝えた竹中労さん、沖縄で女子教育に尽力した八巻太一さん、沖縄戦で亡くなった山梨県人を慰霊した山中幸作さん――。山梨と沖縄の双方にゆかりがある人たちがいる。山梨と沖縄をつなぐ人物の歩みと、１９７２年の日本復帰前後で大きく変わった沖縄の暮らしを伝える。

竹中労
——島唄を通し文化紹介　復帰問題 問い続ける

太平洋戦争で疎開した山梨県甲府市で青春時代を過ごし「反骨のルポライター」と呼ばれた竹中労さんは、日本復帰前の沖縄に渡り、島唄の魅力を本土に伝えた。島唄を収録したレコードをリリースし、復帰後には沖縄の歌い手が出演する「琉球フェスティバル」を開催。琉球王国時代から続く独自の文化性を高く評価するとともに、「沖縄、ニッポンではない」などの著作も数多く残した。

東京都で生まれた竹中さんは42年、疎開のため家族と甲府に移住。旧制甲府中学（現甲府一高）に通ったが、教師の戦争責任を問い、授業を受けないストライキを主導して退学処分に。女性誌記者として芸能記事を手掛けたほか、音楽関係では美空ひばりやビートルズを題材にした著書を残した。

沖縄の日本復帰前に島唄の魅力を本土に伝えた竹中労さん（竹中英太郎記念館提供）

沖縄の土を初めて踏んだのは、日本復帰前の69年10月。「島唄の神様」とも呼ばれる嘉手苅林昌さんと会い、島唄の世界にどっぷりと浸った。嘉手苅さんとの出会いについて「風狂の謡人のとりことなってしまった私は、日本に帰ると会う人ごとに、そのウタ・サンシンの素晴らしさを説いてまわり」と振り返る。

島唄を収録した数多のレコードを制作。江戸川乱歩や横溝正史の挿絵を担当した父親の英太郎さんが、ジャケットを手掛けた作品もある。74、75年には島唄の歌い手を招いた「琉球フェスティバル」を開催。74年に東京・日比谷野外音楽堂で開いたフェスティバルには嘉手苅さんをはじめ、登川誠仁さんや大城美佐子さん、照屋林助さんといった島唄の名手が一堂に会した。

「汝、花を武器とせよ……」「コザ」など沖縄についての記事も多い。そして、復帰による沖縄の問題の全面解決には否定的だった。著作「メモ沖縄１９６９」には「〝日本〟という括弧でくくれば、いまあるもろもろの差別が解消するとでもいうのか、米軍基地は撤去されて、沖縄人はゆたかに平和に暮らせるようになるか？　イソップ物語の蛙どものように、それは支配者のスゲカエという悲喜劇をしかもたらさぬのではあるまいか?」と疑義を唱え、復帰を推進する政治家や文化人を批判した。

人生最後の取材先も沖縄。すでに末期の肝臓がんだった91年4月、入院していた病院から看護師を伴って空港へ直行した。島唄を特集する雑誌企画のため歌い手と旧交を温め、5月19日に60歳で息を引き取った。竹中さんは死後、沖縄・波照間島の海に散骨され、甲府・つつじが崎霊園にも納骨された。

竹中労さんが手掛けた島唄のレコード。一部は父親の英太郎さんがジャケットを担当した

竹中さんの業績は、沖縄と山梨に継がれている。沖縄市の行きつけの民謡クラブには記念碑が設けられ、没後20年の２０１１年5月には那覇市でコンサート「あれから20年　竹中労を偲ぶ会『語やびら島唄』」が開かれた。甲府市湯村には、竹中さんと英太郎さんの作品を展示する「竹中英太郎記念館」がある。

記念館の館長を務める妹の竹中紫さんは「兄の後半生は沖縄とともにあった。島唄を愛し、愛された人。最期に沖縄を訪れることができたのは、幸せだったのではないか」と話す。

八巻太一

――私財を投じ学校設立　女子の実業教育に尽力

山梨県江草村（現北杜市）出身の八巻太一さんは、戦前の沖縄に教師として渡り、退職後、私財を投じて私立沖縄昭和女学校（昭和高女、後に高等女学校）を設立した。女子実業教育を掲げタイプライティングなどを学ぶ商業教育を推進したが、戦火により15年足らずで廃校となった。

八巻さんは１８７８年、商家に生まれ、甲府・池田小校長などを経て１９１１年、33歳で妻子と共に沖縄へ。読谷山尋常高等小学校、名護尋常高等小学校で校長を務め、就学率向上や二部授業廃止などに取り組んだ。県立第一高等女学校、女子師範学校で勤務した後、30年に那覇市に昭和高女を開校。和文、英文タイプライティングに簿記、珠算などの商業科目を設けた4年制の学校で、後の実業家らを輩出している。

戦時下で昭和高女の校舎は軍の弾薬庫として接収され、軍医による看護教育に取って代わった。4年生17人が学徒看護隊「梯梧（でいご）学徒隊」として野戦病院に配属され、壮行式で八巻さんは「実戦の時がくれば学徒看護隊として身命を賭して従軍する」と訓示したとされる。地上戦で校舎は焼失し、隊員9人を含む59人が命を落とした。

私立沖縄昭和高等女学校時代の八巻太一さん＝那覇市（昭和高女同窓生提供）

クリスチャンでもあった八巻さんは戦後、琉球臨時中央政府と沖縄群島政府から委嘱を受けて久米島に渡る。キリスト教の伝道を行い、52年に疫病で死去した。学校跡地に立てられた犠牲者をまつる慰霊塔「梯梧之塔」は本島南部の糸満市に移設された。山梨県内からも高校生が修学旅行で訪れており、戦争の記憶を伝える場となっている。

山中幸作
——「甲斐之塔」に思い継承 県戦没者の碑建立

山梨県曙村（現身延町）出身の山中幸作さんは戦後、沖縄戦で亡くなった山梨県人を追悼するため、私財を投じて沖縄県内の5カ所に慰霊塔を建てた。沖縄県に初めて建立された県外の戦没者の慰霊塔とされて

1930年に創立され、45年5月に地上戦で焼失した沖縄昭和高等女学校校舎。学徒看護隊の名前の由来になった梯梧並木がある＝那覇市（戦前、昭和高女同窓生提供）

いる。

山中さんは建設会社の社員として米統治下の沖縄に渡り、私費を投じて故郷の戦没者を慰霊。山梨県出身の戦没者が多かった具志頭村（現八重瀬町）や三和村（現糸満市）、首里市（現那覇市）など５カ所に慰霊塔を建てた。このうち１９５３年に建てられた具志頭村の慰霊塔は、当時の天野久知事が碑文を書いたと伝えられる。

山梨日日新聞は53年６月25日付紙面で「立派に出来た慰霊塔　沖縄の県人いま静に眠る」との見出しで、山中さんの功績を紹介している。

山中さんの思いを受け継ぐ形で、66年11月には県が太平洋戦争の戦没者を慰霊する「甲斐之塔」を建立。11月８日を甲斐之塔慰霊巡拝の日とし、遺族や関係者による慰霊祭が行われてきた。山中さんが建てた具志頭村の慰霊塔は、今も甲斐之塔の敷地内にある。

山中さんの写真や天野知事から山中さんに宛てられた手紙など関係資料は２０１８年、孫の幸子さんから山梨平和ミュージアム（甲府市）に寄贈されている。

建立した慰霊塔の横に立つ山中幸作さん＝沖縄県具志頭村（現八重瀬町）

山梨から思う島の未来

「日本人になった日」

「きょうという日を忘れるんじゃないぞ」。沖縄が日本に復帰した1972年5月15日朝、石垣島に住んでいた斉藤幸子さん（67）＝山梨県韮崎市＝は、仕事に出掛ける前の父親からそう告げられた。「日本人になった日だ」。父は続けた。「私は日本人」。斉藤さんはかみしめながら高校に向かった。いつもの通学路が違って見えた。

太平洋戦争後、戦地から引き揚げてきた父は、米統治下の自治機関である琉球政府の役人になった。重機の知識があり、竹富島や西表島に出張しては、パワーショベルを操縦して復興に精を出した。

もう一つ、父が熱を入れたのが祖国復帰運動。労働組合に入り、6人の子を連れてデモに繰り出した。斉藤さんも「日本復帰」と書かれたちょうちんをぶら下げて、街中を練り歩いた。「沖縄を返せ」を歌って締めくくるのが、家族の恒例行事だった。

戦争の傷跡が生々しく残った時代。赤瓦ぶきの実家の柱には銃弾が何発も撃ち込まれ、指でつまんで引き出そうとしてもぴくりとも動かなかった。通学路には不発弾が埋まり、友達は「爆発しないように毎日、水を掛けているんだ」と言った。沖縄戦が終わった6月23日になると、母は戦死した兄の思い出話をしながら「にぃに（兄）が生きていたら」と繰り返した。

斉藤さんは米軍に悪い感情を持たなかった。通っていた幼稚園には米国人の子もいたが、意地悪をされることはなかった。基地が集中する沖縄本島とは異なり、米兵の顔を見ることもめったにない。米軍関係の事件や事故も身近ではなかった。

沖縄の基地問題を実感したのは日本に復帰し、専門学校に通うため上京した後。東京・渋谷で、同世代のベトナム人女性と知り合いになった。「どこから来たの」と聞く女性に故郷を伝えると、顔色が変わった。「オキナワはキライ」。敵意をあらわにして言い放った。「ベトナム戦争」が頭をよぎった。

55年に勃発し、65年からは米国が「北爆」と呼ばれる

夫婦で経営する酒販店で紅型の着物を手にする斉藤幸子さん（左）と夫の日出男さん ＝山梨県韮崎市

大規模な空爆をしたベトナム戦争。沖縄本島にある嘉手納基地は、米軍の戦略爆撃機Ｂ52の出撃基地となった。ベトナムの市民からすれば、沖縄は同胞の命を奪った「敵基地」そのもの。「それは米軍が……」「基地があるのは別の島で……」。斉藤さんは、出かかった言葉をぐっとのみ込んだ。「知らず知らずのうちに恨みを買っている。それが基地がある現実なんだ」。

東京で20代前半を過ごし、山梨の食品会社で働き始めた。今は、夫の日出男さん(75)と酒販店を切り盛りする。最初は驚いた一升瓶入りのワインも、すっかり見慣れた。民生委員は9年目。地元の文化祭で、沖縄の染め物「紅型」の着物をまとって琉球舞踊を披露すると喝采が起こる。

「日本人になった日」から50年がたった。復帰して良かったと思う。けれど、沖縄ではどう受け止められているのだろうか。米軍専用施設の7割が沖縄に集中し、返還の最大課題だった「本土並み」からは程遠い。ただ、これだけ長く基地があり続ければ、しがらみもあるだろう。「ああだこうだと、軽々しく言うのはためらいがある」(斉藤さん)。

15日は朝起きてすぐ、沖縄の方へ手を合わせた。「いつまでも平和が続きますように」。そう願いを込めて。

平和とは何か 問い続け

戦争 本土より近くに

「ナイチャー（本土の人）は信用ならんさ」。米統治下の沖縄が日本に復帰して日が浅い1970年代前半、沖縄本島南部。返還された軍用地の跡地開発を巡り、「本土の人はだます。戦争の時もだまされた」という地主の言葉に、山本永雄さん（80）＝沖縄県宜野湾市＝は黙って耳を傾けた。「あの頃、沖縄のおじい、おばあたちは本土の人間より米国人を信用していた」。

山梨県小淵沢町（現北杜市）で生まれた山本さんは、東京の大手設計会社に就職。設計コンサルタントとして20代後半で独立したが、経営に行き詰まりを感じ、仕事から離れて将来を考えようと沖縄へ渡った。沖縄の日本復帰を約1年後に控えた71年5月。短期滞在のつもりだった。

滞在中、高速道路の設計などに携わった経歴に着目した住民の紹介で、米国企業に就職。米国人の上司の下で米軍基地内部の設計をした。「紳士的で仕事も効率的。企業風土が日本と全く違った」。米軍公認の高級ラウンジに出入りし、カウンターでウイスキーグラスを滑らせ合う顔なじみもできた。

ある日、ラウンジに1人でいた兵士に声をかけると、兵士は同僚が戦死したと語り、酒をあおった。ベトナム戦争下で、那覇軍港には連日泥まみれの戦車が運び込まれ、修理を終えた戦車が出ていく。戦死した兵士の亡きがらも。沖縄の住民の手で洗い清められ、本国へ運ばれていった。「日々の暮らしで戦争の痛みを知る。本土より戦争が近くにある」。山本さんはそう語る。

沖縄の日本復帰で自身を取り巻く環境は一変した。勤務先の沖縄撤退が決まり、失業する16人を再雇用して起業することに。高速道路のルート選定や離島の空港、ダムの設計を請け負い、県土保全の条例づくりにも関わった。「ここで役に立てると感じた。復帰がなければ東京に戻っていただろう」。沖縄とともに自らも再スタートを切った。

復帰後に返還された、本島南部にある米軍弾薬庫の跡

地開発に関わった。活用すれば地元は潤う。だが、地主との交渉では強い不信感を向けられた。「沖縄には戦争に巻き込まれ、住民が自決を強いられた苦い経験がある。僕はナイチャーだから信用ならん、というのがあったと思う」。すぐそばに山梨県人の慰霊碑「甲斐之塔」があり、多くの犠牲者が眠るかつての激戦地。「塔を守ってくれた人たちに恩返ししたい」と、報酬は受け取らないことにした。

住民の本土に対する不信感を裏付けるような差別も目の当たりにした。復帰から数年後、本土出身の企業経営者が「お前ら土人だろ」と言って靴に酒を注ぎ、沖縄の男性に飲ませていた。わき上がったのは強い憤り。「いまだにある。差別だけはなくしたい」。

「いちゃりばちょーでー（一度会えば皆きょうだい）」という沖縄の言葉のような、住民の温かさに触れたことがある。知人の祖母を頼って訪ねた離島。船に乗って帰路に就くと、波打ち際で踊りながら、やがて腰まで海に入って無事を祈る住民に見送られた。そんな光景を見て、ふと思った。沖縄の心に寄り添える人はどれほどいるのか。

沖縄で暮らしていると「平和」という言葉を見聞きしない日はなく、「新聞を開くと、必ずどこかに出てくる」。沖縄の日本復帰の節目は自らの生き方をも変え、5月15日は「平和であってほしい」という願いが、強くなる日でもある。「沖縄の人が平和を求めているのはなぜなのか。沖縄が求める平和とは何か。本土の人たちに考えてほしい」。

自宅のある真志喜地区を「復帰後に米軍基地から返還され、開発が進んだ」と説明する山本永雄さん　＝沖縄県宜野湾市

平和憲法の価値を実感

パスポートで「日本」へ

金城幸吉さん（75）＝山梨県富士吉田市＝はその日、仕事を休んで東京・九段北の靖国神社に参拝した。沖縄が日本に復帰した1972年5月15日。首相や閣僚の参拝が政治問題化する以前の神社は、朝早かったこともあり静かだった。戦没者に祈りをささげ、復帰によって沖縄が平和憲法の下に入ったことを祝った。

故郷は沖縄県大宜味村。NHK連続テレビ小説「ちむどんどん」の舞台にもなっている県北部のやんばる地域にある。米統治下にあることは幼心に理解していた。通貨がドルだったからだ。

家は貧しく、小学生の頃から休みの日は近所の農家に働きに出た。小学生で50セントだった日当は、中学生になると1ドルに。初代大統領のジョージ・ワシントンが描かれたお札を受け取った時のうれしさは、今も忘れられない。

米軍基地が身近になったのは、中3の時に父親の仕事で那覇市安謝に転居してからだ。家の目の前には金網。その向こうには青い芝生が広がり、数十メートルおきに家族がいる米兵向けの家が建っていた。こちら側は、軒と軒が接するほどの住宅密集地。「金網を一つ挟んで、別世界だった」（金城さん）。

家の前にあったのは、牧港住宅地区。土地は、米国民政府が公布した「土地収用令」に基づき、50年代に強制接収された。武装兵士を接収に動員した光景から「銃剣とブルドーザー」と呼ばれた。

米軍関係の事件や事故は茶飯事だった。引っ越してすぐの63年2月には1号（現国道58号）で、横断歩道を渡っていた中学生が米軍トラックにはねられる事故が発生。「夕日で赤信号が見えなかった」とする米兵の言い分が認められ、軍法会議で「無罪」が言い渡された。

首里高に進学した金城さんは、機械工になるために本土に渡ることを漠然と考えていた。父親は言った。「パスポートがほしければ復帰デモには参加するな」。米国民政府の裁量権は大きく、復帰運動の参加者には発行されないこともあった。「何から何までアメリカ次第だった」（金城さん）。

66年に船で本土へ。大阪の職業訓練校で旋盤を学び、東京で働き始めた。本土で実感した最も大きな違いは、通貨でも交通ルールでもなく日本国憲法だった。日常で米軍基地を意識することはない。米軍関係の事件や事故のニュースも聞かない。平和憲法に守られていると感じた。

山梨への転勤に伴い、84年に富士吉田市に家を建てた。市内には北富士演習場があり、米軍機が上空を飛ぶことはあるが、那覇で体験した爆音に比べれば我慢できる範囲。入会地の演習場には5月になると、ワラビを採りにいく。通勤路の正面に望む富士山をスマートフォンで撮影するのが日課だ。

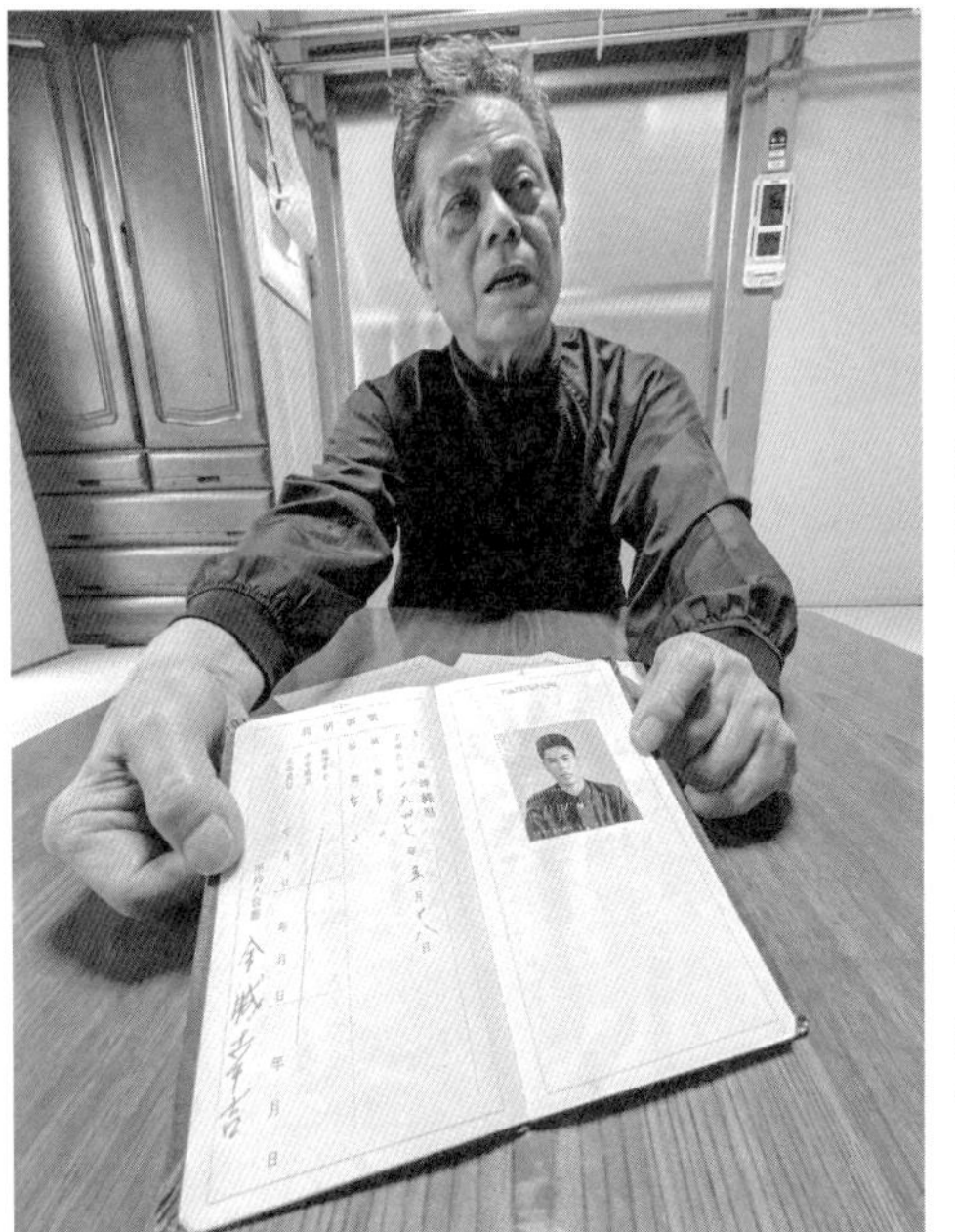

沖縄から本土に行くときに取得したパスポートを手にする金城幸吉さん。「琉球住民金城幸吉は、日本へ旅行するものであることを証明する」と書いてある
＝山梨県富士吉田市

本土復帰から50年目の5月15日、金城さんは色あせたパスポートを久しぶりに開いた。平和憲法の恩恵をいち早く享受した身として、沖縄と本土の意識の差を感じる。「生まれた時から平和憲法があった本土の人には分かりづらいかもしれないが、人権が踏みにじられていた復帰前の沖縄では基本的人権の尊重や平和主義を掲げる憲法はあこがれ。だからこそ、復帰しても米軍基地の状況が変わらないことへの反発も大きい」。米軍基地を巡る問題が今も続く沖縄。意識の差が埋まることを、金城さんは願っている。

残る爪痕 痛みに思いを

山梨から嫁ぎ半世紀

「日本に復帰すれば、自由に行き来できます。結婚してください」。そんなプロポーズを受け、沖縄の本土復帰を間近に控えた1971年10月、山梨県大月市出身の保岡常子さん（74）＝沖縄県那覇市＝は沖縄へ嫁いだ。台湾生まれ沖縄育ちの夫が仕事で山梨へ赴任中、両親に気に入られての縁談だった。

沖縄行きが「海外旅行」とされたころ。山梨での結婚式で夫が「日本語がお上手ですね」と褒められ、沖縄では隣家のおばあさんに「日本から来たの」と驚かれた。嫁いでしばらくは戸惑いの連続だった。買い物はドル。風呂は湯をためないシャワー。黄色い古米。結婚式のご祝儀の相場は2ドル。地元の女性たちに沖縄料理を教わりながら、地域になじんでいった。

翌年5月15日の復帰を境にドルから円へ変わり、主婦としての生活実感は「円の方が計算がしやすくて助かる」。ただ、ドルのときより、同じ給料で買えるものが少し減った気がした。本土復帰を待って山梨から来た花嫁もいて、ラジオで山梨出身者に呼びかけ、83年に沖縄山梨県人会が発足した。

同じ年、沖縄戦や南方戦線などの戦没者をまつる「甲斐之塔」があり、慰霊祭が行われることを知った。子どもを連れて県人会の女性数人で出掛けた。沖縄本島南部の具志頭村（現八重瀬町）。眼前に海が広がる断崖絶壁に、山梨と沖縄の遺族が参列した。兵士と民間人、立場は違えど同じ戦争で命を落とした人々。声を震わせて語る遺族の言葉に、胸が詰まった。

以後、毎年11月8日の慰霊祭には甲斐之塔に行き、山梨県と八重瀬町の遺族との交流を続けた。30年以上がたち、訪れる人々も妻から子へ代替わりしつつある。沖縄戦で夫を亡くしながら、毎年行くと必ず「よく来たね」と手を握って迎えてくれた八重瀬町の遺族会の女性も昨年、亡くなった。悲しみも憎しみも後ろめたさも薄れていく中、「あとどれくらいこうして集まれるだろうか」とも思う。

移住したばかりの保岡さんを気遣い、かわいがってくれた、沖縄の母のような人がいる。地上戦で本島中部から南部へ逃げる途中で、右腕を失い、３人の子を亡くした。片腕で野菜を育てては「取りにおいで」と声をかけてくれる。

20年ほど前、女性と甲斐之塔までドライブした。古いサンゴのごつごつした岩場で「この辺、はだしで逃げたよ」とさらりと言った。ガマ（自然壕）でお産をしたこと。黒砂糖を食べようとした住民から、日本兵がそれを奪ったこと。赤ちゃんが腕の中で息を引き取ったこと。「なぜ許せるの」。物言いたげな保岡さんに、沖縄の母は「もう終わったことさ」とほほ笑んだ。

50年前の５月15日、暮らしに追われて見えなかった風景が、今は見える。沖縄の人と同じ目線で。那覇市の自宅周辺では、今も新築工事の測量で人骨や不発弾が出てくる。基地問題、女性の暴行事件が起きて泣き寝入りする人がいる。「戦中、戦後の爪痕が今なお残っている現状。何ひとつ解決していない。弱い立場の人が犠牲になるのはいつまで続くのだろう」。

「もう終わったことさ、と笑って受け入れてくれる沖縄の人の優しさに応えたい」。そう思う一方、本土が「沖縄の優しさに甘えている」と感じることがある。本当に終わったことなのか。山梨の倍の時間を過ごし、慰霊塔に置かれた修学旅行生の千羽鶴に癒やされる自分がいる。保岡さんは語る。「慰霊の場に足を運んでほしい。自分の痛みとして沖縄のことを考え、思いを向けてもらえたら」。

山梨県人の戦没者をまつる甲斐之塔を前に、「山梨から足を運んで沖縄のことを知ってほしい」と語る保岡常子さん　＝沖縄県八重瀬町

基地問題 故郷離れ知る

米軍機飛行 日常の風景

「円ではなくドルを使っていました」「本土に行くにはパスポートが必要でした」。山梨県の都留文科大の竹内そらさん（22）にとって、米統治下の沖縄は教科書で知る歴史上の出来事だ。日本に復帰した1972年5月15日にも、特段の思い入れはない。2022年4月から休学して都留市から東京都内に移り、今は派遣会社で就業体験をしている。この年の「5・15」も特別なことはせず、仕事をしていた。

沖縄戦の激戦区だった沖縄県南部の南風原（はえばる）町で育った。緩やかな丘陵にサトウキビ畑が広がり、遊び場の原っぱ近くにはガマ（自然壕）がある。ひめゆり学徒隊が従軍した陸軍病院壕もあり、平和学習のため地元の資料館を毎年のように訪れた。「沖縄戦の知識や平和への思いはある」。

ただ、友人との会話で米軍基地が話題に上ることはほぼなかった。「キャンプ・フォスターで（米国のガールズグループの）『フィフス・ハーモニー』が無料ライブをするらしい」との話だけ。親が米軍基地に勤務する友人もいて、基地問題を語ることもはばかられた。受験期ということもあったが、普天間飛行場（宜野湾市）の名護市辺野古への移設を巡る2019年の県民投票のことも記憶にない。

米軍基地への意識は世代間で大きく異なる。沖縄県が21年に行った県民調査で「米軍専用施設の約70％が沖縄にあるのは差別的か」との問いに、70代以上は62・6％が「そう思う」と答えたのに対し、20代は23・5％。「そう思わない」と答えた割合は、20代が最も高く20・7％だった。

本土の大学を志望し、進学した都留文科大で沖縄県人会に入った竹内さん。学園祭で、先祖の霊を供養する伝統芸能「エイサー」を舞った。沖縄戦が終わった6月23日になると、インスタグラムに「＃沖縄慰霊の日」の言葉とともに戦没者への祈りをささげるメッセージが連なる。

ファッションに興味があるという竹内そらさん。若者が米軍基地の問題を皮膚感覚で理解するのは難しいと感じている
＝東京都内

富士山の麓にある大学に来て、気づいたこともある。

高校の近くには、山梨県出身の戦没者を慰霊する「甲斐之塔」があった。南側は断崖で、その向こうは海。目と同じ高さを米軍機が飛んでいたが、山梨の静かなキャンパスで生活するまで日常の風景。ごう音も「道路工事と同じ生活環境音みたいなもの」（竹内さん）だった。

同じように、海の美しさが特別だと分かったのも本土に来てから。特に沖縄本島北部の海は別格だ。小学校の修学旅行で訪れた伊江島には真っ白な砂浜が続くビーチがあり、「美ら海」そのものだった。

だからこそ、今は思う。なぜあの美しい海を埋め立ててまで、米軍基地を造成するのかと。辺野古新基地の建設ではサンゴ礁が広がる大浦湾に大量の土砂が運搬され、沖縄戦犠牲者の遺骨がまじる可能性がある本島南部の土砂を使う計画も浮上。環境への関心が高い世代にとっては、違和感があるプロジェクトだ。「海や山の自然を破壊してまで、どうして沖縄だけで基地問題を解決しようとするのか、素朴に分からない」。

米軍基地の存在が当たり前の世代。沖縄と山梨という遠く離れた二つの土地での生活を経て、竹内さんは言う。「どこかと比べて初めて、故郷のことを知ることができる。親でさえ見たり聞いたりしたことがない昔のことはよく分からず、若い世代が米軍基地を歴史的な問題だと理解するのは難しくなっていると思う」。

古里憂う気持ち 徐々に

「基地で潤い」に違和感

沖縄の日本復帰から50年がたった5月15日、新聞を読んでいた安里高祐さん（31）＝山梨県韮崎市＝は、記事に故郷の村名を見つけた。返還予定の米軍基地のうち、住宅地区が公園として前倒しで開放されるとの内容。歓迎すべきことだが、住民が騒音被害を訴えている場所は動かない。基地負担軽減に取り組んでいる、という本土向けのパフォーマンスのように映った。

沖縄県北中城村で育ち、名護市辺野古の米軍基地キャンプ・シュワブに隣接する沖縄工業高専へ進学。高台にある校舎からは辺野古の海が一望でき、外壁に英字看板の跡が残る下宿先は、かつて米軍向けのバーが軒を連ねた歓楽街にあった。卒業後、山梨大工学部へ編入。二十歳になってすぐ島を離れ、沖縄で選挙権を行使したことはない。

高専在学中の2010年4月、同県読谷村で開かれた米軍普天間飛行場（宜野湾市）の県内移設に反対する県民大会に足を運んだ。学校で基地問題が話題になることはなかったが、県民として「一票」を投じるべきだと思い、同級生2人を誘った。壇上でスピーチする同世代の高校生を遠まきに眺めただけ。それでも9万人の参加者の一人になれた、という感覚が残った。

沖縄で過ごした20年間、基地問題はすぐそばにあった。米軍普天間飛行場の進入路近くにある中学の授業は騒音でたびたび中断され、空を見上げずとも戦闘機やヘリ、輸送機の音で何が飛んでいるか分かる。同級生は米軍関係者が使う「Yナンバー」の車と衝突して死亡した。対向車線をはみ出した相手は公務中とされ不起訴となり、遺族の抗議や署名活動を経て数カ月後に覆った。

基地由来の文化もまた身近だった。「矛盾するようだが、米国の人や文化は嫌いではなく、むしろ好き」。米軍向けラジオ番組で洋楽を聞いて育ち、祖母の家ではおやつにチョコレートバーが出た。キャンプ・シュワブの同世代の海兵隊員と砂浜でバーベキューをして遊び、軍人の友人もできた。「沖縄から米国の要素がなくなったら寂しくも感じる。生活様式として沖縄に根付いているから」。

沖縄が置かれた状況を客観的に見られるようになったのは島を離れてから。窓を開け放しても軍用機の音は聞こえず、はるか遠くに飛行機雲を望むのみ。基地のフェンスも軍人も見かけない。沖縄では伴奏を聴くだけだった君が代を、式典で歌う人がいる。復帰50年を迎えた２０２２年5月は、新聞やテレビ、ネットの討論番組などを時間をかけて見た。今は「若い世代が持つ問題意識をもっと気軽に話し、考えを深める場があればいいのに」と思う。

「島を出てから沖縄の置かれた状況の特異性に気付かされた」と語る安里高祐さん　＝山梨県韮崎市内

山梨でＮＰＯ職員として働きつつ、「いずれ沖縄に帰りたい」と語る。高専在学中にたびたび聞いた「沖縄は第2次産業が薄い」という言葉が引っかかっている。需要のある地域まで輸送費がかかり、土地や水資源が限られる。高専卒業後、地元の就職先は建設業が多く、同級生は専門分野を生かせる大阪や東京へ出て行った。

沖縄県の試算で、米軍用地の跡地開発の経済効果は返還前の数十倍に上る。「沖縄は基地で潤っている」という言葉には反発を覚える。一方、新型コロナウイルス感染拡大で、沖縄経済の脆弱さが露呈したとも感じている。「いろんな問題が連鎖していて、基地問題が解決すれば幸せになれるという単純な話でもない。観光に次ぐ産業の柱が必要だと思うし、自分がその担い手になれればと思う」。

社会問題に透ける基地

「地元記者」として生きる

沖縄県の地元紙「沖縄タイムス」記者の篠原知恵さん（34）＝山梨県甲斐市出身＝は２０２０年、カーテン越しにひきこもりの男性と向き合っていた。孤立して30年、50歳近い男性の頼りは80代の母親だけ。ひきこもりの「長期高年齢化」と、50代の子を80代の親が支える「８０５０（はちまるごーまる）問題」。日本の至るところにあるひきこもりの姿だが、その家族は沖縄ならではの事情を抱えていた。沖縄戦と、１９７２年5月15日まで続いた米統治だ。

沖縄戦を生き抜いた母親の学歴は小卒。離婚後は低収入で、高校生だった男性は友人と遊ぶことも部活に入ることもできなかった。米統治下で「庶民の足」たりうる鉄道は整備されず、高いバス代も払えない。負い目から、男性は孤立した。「沖縄戦とアメリカ統治、現代の課題がつながっていた」（篠原さん）。

高校まで山梨で暮らし、東京都内の大学に進んだ篠原さん。友人と「夏休みはゆっくりしたいね」という話になり、沖縄県那覇市にある1泊千円の宿で1カ月近く過ごした。行く先々でぶつけられた言葉が、「あんた、ナイチャー（本土の人）だね」。名字で、顔立ちで、話し言葉で区別される。時に否定的な含意を感じ取り、「どうして？」が頭から離れなかった。理由を知りたいと、幼い頃からの夢だった新聞記者のキャリアを沖縄で歩み始めた。

地元紙に入って驚いたのは「オスプレイ当番」があったことだ。普天間飛行場（宜野湾市）への輸送機オスプレイの離着陸がないか交代で見る。普天間飛行場の名護市辺野古への移設では護岸工事の進捗、警察や海上保安庁の抗議行動への対応を確認する「辺野古当番」をした。権力監視の「ウオッチドッグ（番犬）」としての所作をたたき込まれた。

基地問題は常に近くにあった。事件や事故は後を絶たず、２０１６年にうるま市で起きた米軍属の男による女性殺害事件も取材。ひきこもりでも、子どもの貧困でも、沖縄戦や米統治が関係する。戦争でひもじい思いをした認知症の高齢者が、冷蔵庫に食べ物を詰め込んでいたこともあった。

「沖縄の新聞は基地ばかり」と言われる。「理由がある」と篠原さんは言う。現代の社会問題を追いかけると、見ようとしなくても、基地問題が目の前をよぎる。政治思想や主義主張ではなく、命と生活の問題なのに、伝わらないのがもどかしい。

20年に同僚記者と結婚し、21年11月に長女を出産した。家族を持って、沖縄の歴史はずっと身近になった。たとえば保育所。沖縄は待機児童率が全国ワーストで、長女を入園させられるかどうかも見通せない。復帰まで沖縄には日本の法律が適用されず、児童福祉法に基づく認可保育園の整備が進まなかったからだ。

沖縄から本土への不信の理由が今は痛いほど分かる。「沖縄戦で犠牲を払い、本土から切り離され、今も重い基地負担を押しつけられる。本土側から沖縄への悔悟の情も薄れ、沖縄側が現状に異を唱えれば敵意さえ向けられる。『どうして？』と言いたいのは沖縄の人たちだろう」。

復帰から50年がたった。米軍基地を巡る理不尽と言える状況は今も続く。仕事でもプライベートでも、「どうして？」は尽きない。だから、記者として、母として沖縄で生きていこうと思う。故郷の霊峰にあやかって名付けた愛娘「ふじ」とともに。

自宅近くの海岸沿いで長女のふじちゃんを抱き上げる篠原知恵さん。正面奥には那覇軍港の移設予定地がある　＝沖縄県浦添市

第6部

継ぐ　未来のために

沖縄の日本復帰から50年がたち、山梨などから沖縄に移転した米軍基地の記憶は薄れつつある。基地問題をわが事として捉え、沖縄戦を含め歴史をどう継承すればいいのか。模索する現場を伝える。

基地の歴史 平和教育で

93歳・語り部の本心

沖縄県糸満市の県平和祈念資料館の一室。上原はつ子さん（93）＝同県那覇市＝は2019年冬、山梨から修学旅行で訪れた高校生を前に戦禍にのまれた青春を振り返った。ナイチンゲールにあこがれて軍歌を口ずさんだ女学校時代。「国のために死んでもいいと思っていた。日本人でありたいと思っていたのね」。その声に生徒は耳を澄ませた。

上原さんの母校は、簿記やタイプライティングなどの女子商業教育を掲げた私立沖縄昭和高等女学校（昭和高女、126ページ参照）。地上戦で校舎は焼失し、看護学徒として動員された「梯梧（でぃご）学徒隊」をはじめ59人が犠牲になった。創設者の八巻太一が山梨県江草村（現北杜市）出身である縁で、資料館近くの慰霊碑「梯梧之塔」に山梨から修学旅行生が訪れ、上原さんら同窓生が迎えてきた。

生徒たちは素直だ。「学徒隊は、ひめゆりだけじゃないのですね」「私たちが語り継ぎます」――。伝わった、と安堵する一方、かすかなわだかまりも残る。戦後、山梨県の北富士演習場に米軍基地が置かれ、米海兵隊が山梨から沖縄へ移転した経緯を知る生徒はいない。沖縄戦の悲惨さを学び帰っていく。米軍が本土から来たと知らないまま。「学校の先生だって知らないでしょうから、子どもは知らないはず。沖縄でも同じ。私たちの世代が伝えてこなかったから」。

息子にも話してこなかった戦争の記憶を語り始めたのは80歳を過ぎてから。地上戦を生き延びた上原さんは、収容所生活を経て米軍基地の英文タイピストとして勤務。ずっと口をつぐんできた。「騒ぐな、と言われていた。復興が先だと」。戦争を、米軍基地を語ることは沖縄のためにならないと思っていた。

映画「ひめゆりの塔」で知られる県立第一高等女学校の慰霊碑には多くの花が手向けられるが、15年たらずで消えた母校の梯梧之塔に来る人はまれ。戦争を知る世代が減り、「誰かが伝えなければ」と一念発起。学徒動員された21校の卒業生に働きかけ、17年に全学徒隊の合同碑建立を実現させた。20年には118人の「戦の語り部」の一人として沖縄県から感謝状を贈られた。

　上原さんは語り部として活動するほか、米軍普天間飛行場（宜野湾市）の名護市辺野古への移設を巡る県民投票条例の請求代表者に名を連ねた。若い世代から署名活動に協力してほしいと打診を受け、快諾した。19年の県民投票で「反対」は7割を超えたが、間もなく海に土砂が運び込まれた。「沖縄をばかにしている」。民意が踏みにじられるたび、占領下に取り残された20年を思う。

沖縄戦で動員された看護学徒をはじめ、沖縄昭和高等女学校の犠牲者の名が刻まれた「梯梧之塔」　＝沖縄県糸満市

　基地の辺野古移設を巡り、沖縄の住民が県外から訪れた人に「（米海兵隊を）あなたたちが追い出したからだ」と、怒気を込めて語る声を耳にした。「せっかく来てくれたのにそんなこと言うなんて」。自身は心の中に引っかかるものがあっても、責めるような言葉を口にするのははばかられた。

　修学旅行で迎えた生徒たちに、基地問題を聞かれたことも、切り出したこともない。本当は知ってほしい。本土から沖縄に移ってきたことを。基地のそばで何があったかを。生徒と向き合い、伝えられる時間は限られる。だからこそ思う。「本土と沖縄の戦後を、平和教育として教えてもらえたら」。

2015年に山梨を訪れた際、中学生に戦争体験を語る上原はつ子さん　＝山梨県北杜市内

基地 暮らし圧迫
普天間 甲府で仮定すると……
滑走路 市街地を覆う

沖縄には米軍専用基地の7割が集中し、基地を巡る課題が山積している。どのような問題があり、飛行場や駐屯地などがない地域では「基地がある暮らし」をどう想像すればいいのか。

沖縄県にある米軍飛行場の規模や周辺にもたらす騒音、雇用や経済効果について、山梨に関係する事物と比べた。

住宅や公共施設が密集する市街地にあり、「世界一危険な米軍基地」とも呼ばれる米軍普天間基地（沖縄県宜野湾市）の面積は4・8平方キロ。本栖湖（4・7平方キロ）とほぼ同じ広さで、昭和町（9・1平方キロ）の面積の半分以上になる。

年間10人が死亡

基地には約2800メートルの滑走路がある。山梨県の甲府市街に基地があると仮定した場合、愛宕山付近から中央自動車道甲府昭和インターチェンジ付近まで基地で覆われる（口絵参照）。移転先である名護市辺野古の新基地は、埋め立て海域の面積として1・5平方キロを見込む。

戦闘機や輸送機が頻繁に飛行する基地周辺は、深刻な騒音被害に見舞われている。沖縄県の調査では普天間基地周辺で124・5デシベル、嘉手納基地（嘉手納町など）で121・6デシベルを観測。国の騒音の目安などによると、パチンコ店内は90デシベルで、電車通過時のガード下が100デシベル。山梨県内では体験することさえ難しい騒音に悩まされている。

日本の官僚や米軍人らで構成する「日米合同委員会」は1996年、普天間と嘉手納の騒音規制措置（騒音防止協定）について合意。午後10時～午前6時の活動を制限し、夜間飛行訓練は必要最小限とすることを申し合わせたが、夜間飛行は常態化している。

騒音は健康被害ももたらしている。北海道大教授の松井利仁さんは、嘉手納基地の夜間騒音によって年間10人が虚血性心疾患で死亡していると推計。夜間訓練の睡眠への影響などの可能性が指摘されている。両基地の周辺住民は2022年5月、米国に飛行差し止めを要求できる地位の確認などを求め、那覇地裁に提訴した。

沖縄県で飛行場がある米軍基地の周辺自治体は、騒音や受信障害に関する苦情などに対応する業務に追わ

沖縄県宜野湾市の米軍普天間基地。市街地にあり、周辺住民は騒音被害を訴えている（共同通信提供）

れる。米軍普天間基地がある宜野湾市は03年、受付窓口「基地被害110番」を設置。21年度までの過去5年間で2925件が寄せられた。

同市基地渉外課によると、基地周辺では騒音や米軍機が上空を飛行することによるテレビの受信障害がある。「基地被害110番」は市民の意見や苦情を受け付けるため設置。インターネットと24時間対応の専用ダイヤルで受け付けている。

17年度からの5年間は458件（17年度）、684件（18年度）、507件（19年度）、759件（20年度）、517件（21年度）で推移。寄せられた苦情は防衛省沖縄防衛局と米側に送り、市民生活への配慮を求める。

事件や事故は後を絶たない。沖縄が日本に復帰した72年以降の米兵や米軍属らによる刑法犯の摘発は6千件を超える。日米地位協定は米兵の公務中の犯罪について米国に一次裁判権があることを認めていて、米側が協定を理由に容疑者の身柄を引き渡さなかった事例もある。2004年の沖縄国際大へのヘリコプター墜落事故では米軍が現場を事実上封鎖し、県警は現場検証できなかった。

「民意」実現せず

全国知事会は20年、航空機騒音などに関する米軍への国内法適用や、事件、事故の発生時に自治体職員の立ち入りを保障することなど日米地位協定の抜本的な見直しを国に要請。国は運用で対応する考えで、「民意」は実現していない。

一方、基地は雇用などをもたらしている。米軍基地で働く沖縄県民は約9千人いて、山梨では県庁（警察官や教員など含む）の1万3千人が規模としては近い。ただ、基地従業員の給与など関連収入が県民総所得に占める割合は1972年度は15・5％だったが、2018年度は5・1％に低下。沖縄県は「基地関連収入の県経済への影響は限定的。中南部の都市圏では広大な米軍基地の存在が発展を阻害している」としている。

騒音、事件……被害訴え

埋め立てに遺骨土砂 全国で反対
県内遺族「戦没者 安らかに」

米軍普天間飛行場（沖縄県宜野湾市）の名護市辺野古への移設の埋め立て工事を巡り、沖縄戦犠牲者の遺骨がまじる可能性がある本島南部の土砂を使う計画に反発が広がっている。遺骨収集活動をしている団体や個人が反対しているほか、山梨県北杜市など全国216議会が遺骨混入の土砂を使わないよう国に求める意見書を可決。沖縄戦で家族を亡くした山梨県内の遺族は「戦没者を安らかに眠らせてあげてほしい」と話す。

辺野古新基地に使う土砂を本島南部から調達する計画は、防衛省沖縄防衛局が県に提出した資料で明らかになった。沖縄戦では多くの民間人が戦闘に巻き込まれ、激戦地となった本島南部では今も遺骨が見つかる。

戦没者の氏名を刻んだ沖縄県糸満市摩文仁の「平和の礎（いしじ）」には、山梨県の551人を含む国内外24万人余りを刻銘。沖縄県南部には沖縄戦戦没者らを慰霊する「甲斐之塔」（八重瀬町）や、沖縄戦で命を落とした山梨県甲州市出身の雨宮巽中将らをまつる「山雨の塔」（糸満市）などがある。

遺骨の代わり

「遺骨が家族の元に戻ることはまれ。戦没者が眠る場所はそっとしておいてほしい」。沖縄戦で父親を亡くした坪田晨男さん（81）＝北杜市＝はそう訴える。坪田さんは当時4歳。父親は那覇市首里付近で戦死したとされ、遺骨の代わりに石が送られてきた。

慰霊のために沖縄を訪れたが、父親の足取りをたどることは困難だった。「地上戦で野ざらしになった遺体は海に流れ、遺骨が砂とまざることもある。沖縄本島南部には陸海に関係なく戦没者が眠っている」（坪田さん）。

基地の埋め立て土に遺骨がまざる可能性がある土砂を使う計画が浮上した背景について「戦争が遠い過去の出来事となって想像力を働かすことができず、何が問題なのかさえ分からない世代が増えているのではないか」と話す。

戦没者の遺骨が眠る本島南部では、現地の団体や個人が収集活動をしている。山梨県関係では認定NPO法人「ピーク・エイド」（富士河口湖町）が2012年から遺骨を収集。代表を務めるアルピニストの野口健さん（48）が、祖父の戦争体験や沖縄県那覇市で遺骨収集をしている国吉勇さんと知り合ったことを契機に活動を始めた。

沖縄戦犠牲者ら戦没者の名前を刻んだ石碑「平和の礎」。山梨県関係の犠牲者も刻銘されている　＝沖縄県糸満市

1983年に設立された遺骨収集ボランティア「ガマフヤー」の代表を務める具志堅隆松さん（68）は、遺骨混入土砂を埋め立て土に使わないよう国に求める意見書可決を全国の自治体議会に要請。集計では前述の通り北杜市など全国で216議会が意見書を可決している。

国民に説明を

具志堅さんは「基地問題」「沖縄問題」と矮小化することに異議を唱える。「沖縄戦には全国から若者が派兵された。遺骨の収集や確定が困難で、国は沖縄の石や砂を骨箱に入れて遺族に返還した経緯がある」と説明し、「米国と戦った日本兵の骨がまじる可能性がある土砂を、米軍基地の埋め立て土に使って良いのか。戦没者への敬意の払い方や先祖の弔い方の問題だ」と訴える。

国は「沖縄南部地区の土砂を辺野古埋め立てに使用するか否かも含めて確定していない」とする。具志堅さんは「国は土砂を基地埋め立てに使わないことを決めるとともに、二度と死者を冒瀆するような計画が立案されないよう国民に経緯を説明する義務がある」と話している。

全国に76の在日米軍専用施設
面積の7割 沖縄に集中

日本には一時使用できる施設を含め、130の米軍施設がある。このうち専用施設は76あり、面積は7割が沖縄県に集中している。

兵舎や演習場など在日米軍施設・区域の専用施設があるのは、北海道、青森、埼玉、千葉、東京、神奈川、静岡、京都、広島、山口、福岡、長崎、沖縄の13都道府県。面積は沖縄が最も広い185平方キロで、全体の70・3％を占める。青森24平方キロ（9％）、神奈川15平方キロ（5・6％）、東京13平方キロ（5％）と続く。

76施設のうち沖縄にあるのは普天間基地や嘉手納基地、キャンプ・ハンセンなど31施設。東京都内には横田基地や赤坂プレスセンター、日米地位協定の運用を協議する「日米合同委員会」の会議が開かれるニューサンノー米軍センターなどがある。

一時使用できる施設には、陸上自衛隊が管理する北富士演習場（山梨）と東富士演習場（静岡）を合わせた「富士演習場」などがある。施設面積は北海道の矢臼別演習場（168平方キロ）、富士演習場（134平方キロ）、大分県の日出生台・十文字原演習場（56平方キロ）の順に広い。矢臼別、王城寺原（宮城）、北富士、東富士、日出生台の5演習場では沖縄県道104号越え実弾射撃訓練の移転演習が行われている。

識者に聞く

作家

仲村清司さん

両親が沖縄出身
郷土の歴史から記憶共有

「国土の0・6％に在日米軍専用施設の7割が偏在することをはじめ、沖縄には日本の矛盾が集中している。沖縄を知ることで日本を俯瞰してほしい」。沖縄出身の両親を持ち大阪で生まれ育った作家、仲村清司さん（64）＝京都市＝はこう語る。

20年にわたる移住生活を通じ、文化、基地問題を複眼的なまなざしで発信してきた。「本土から米軍基地がなくなると矛盾も見えなくなった」とした上で、「郷土の歴史をさかのぼれば沖縄と共有できる記憶がある。『沖縄問題』と切り離せないことが分かるはずだ」と話す。

第1次世界大戦後、「ソテツ地獄」と呼ばれた食糧難の沖縄から本土へ移り住んだ祖父は、自らのルーツを語らなかった。少年時代のあだ名は「土人」。本土から沖縄へ基地負担を押し付ける「構造的差別」とも違う、言葉や顔立ち、食文化などの違いによるあからさまな民族差別。沖縄ブームを経て払拭されたかのように見えたが、基地建設の是非を巡り噴き出した。「大阪にも神奈川にも『沖縄』はあった。差別は簡単には消えず、政府と沖縄が対立すると顔を出す。本土と沖縄と、分断がある限りなくならない」と語る。

仲村さんは沖縄への修学旅行の事前学習でたびたび講演している。「戦争の悲惨さだけが伝わり、今起きている問題とつながらない」。平和教育を形骸化させないために、地元の歴史を学び、足元から沖縄へと共感を広げていく必要があると強調する。「山梨ならば北富士に米軍キャンプ・マックネアがあり、米海兵隊がそこから沖縄へ移ったこと。移転先で何が起きたか、想像を巡らせてほしい」と語る。山梨にあった基地問題が米軍とともに沖縄に移り、沖縄では民有地が強制的に接収され続けていたと知ることで「人ごとではなくなる」。

2001年の米同時多発テロでは、海外駐留の全米軍が防衛準備態勢（デフコン）の段階を引き上げ、米軍基地のある沖縄の修学旅行もキャンセルが相次ぐなど、観光が打撃を受けた。「世界有数のリゾート地が一瞬で危険な島になる。観光産業が傾くとたちまち経済的苦境に陥る。同じ国にいながら危険と隣り合わせで暮らさねばならず、格差が固定化していく。この矛盾を考えてほしい」。

戦争を振り返るとき、本土は8月6、9、15日、沖縄は4月28日、5月15日、6月23日が軸になるとして「二つの戦後が交わらず、本土と沖縄の双方が抱える問題をいまだ共有できずにいる」と仲村さん。「自分の住む場所だったらと想像力を働かせると、沖縄が置かれた状況に『なぜ』と疑問が生まれる。そのもやもやを持ち帰り、話し合うことが重要だ」。

「地域の歴史をさかのぼれば沖縄と共有できるものがある」と語る仲村清司さん　＝京都府内

なかむら・きよしさん　大阪市此花区生まれ。京都市在住。沖縄大客員教授。著書に「消えゆく沖縄」「本音の沖縄問題」「沖縄オバァ烈伝」など。

基地のこと まず隣人と

「米軍の街」育ちの思い

「講演会を開くのですが、チラシを置いてもらえませんか」。2022年6月、島田環さん(43)=山梨県北杜市=は市内の喫茶店に足を運んだ。「『復帰50年』。沖縄を、ふたたび戦場にしないために」との文言が並んだチラシの講演会では、沖縄で基地問題のドキュメンタリー映画を撮り続ける三上智恵監督を招く。

主催するのは市民グループ「にらいかない北杜」。15年から、沖縄の基地問題に関するドキュメンタリー映画の自主上映会や講演会を開いている。島田さんは12年、両親の住む北杜市に家族で移住。たまたま足を運んだ上映会をきっかけに、運営スタッフとしてチラシ配布や受け付けを手伝っている。

島田さんは米軍立川基地が返還された翌年の1978年、基地のゲート近くにある東京都昭島市の米軍ハウスで生まれた。米国規格の庭付き平屋で育ち、フェンスの穴をくぐった奥にある廃工場で、宗田理のベストセラー小説「ぼくらの七日間戦争」をまねて秘密基地を作って遊んだ。米軍横田基地にも近い小学校は、夏でも窓を閉め切った。それでも米軍機の騒音でたびたび授業が中断され、「隣の小学校ではパイロットの顔が見えるくらい近くを飛ぶ」と話す教師の口調で、もっとうるさい場所があるのだと知った。

沖縄に関する講演会などの開催に携わりながら、自身が育った「基地の街」を意識したことはなかった。立川基地拡張に反対する砂川闘争は物心つく頃には既に過去の出来事に。米軍横田基地の周りで行われるデモ行進はたびたび目にしたが、「横田のことになると思考のシャッターが下りてしまう。あるのが当たり前で、基地の是非を突き詰められない」。

上映会に関わってしばらくした頃、試写で見たドキュメンタリー映画の中に、中央省庁の官僚になった中学の同級生の姿を見つけた。国へ陳情に出向いた沖縄の人々に応対する様子を見ながら、「彼とは基地の話をしたことがなかったな」との思いが浮かんだ。

小学生の頃、基地の跡地で遊び、友人と「どうすれば戦争が終わるかな」と無邪気に話した。「国連の職員に

沖縄と基地問題について「身近な人から伝えたい」と語る島田環さん　＝山梨県北杜市内

なるのはどう」「ルポライターになって市民の暮らしを伝えれば、その人たちへの攻撃が止まるかも」――。お茶の間に湾岸戦争の映像が流れた時代。中学に進むと、戦争や平和を語る機会もなくなった。「沖縄の基地問題を自分事として考えてもらうには、自分の隣にいる人ともっと話をしなければ」。官僚になった同級生の映像をきっかけに、そんな思いが強くわき出した。

幅広い層に上映会に来てもらおうと、大人が乳幼児と一緒に見られる観客席を設けたり、若者のロックバンドを呼んだり。ただ「今のやり方には限界がある」と感じるときがある。チラシを受け取ってはくれるが、来てくれるのは毎回同じ顔ぶれ。「関心のある人には届くけれど、身近な人に働きかけていなかった」。

島田さんはＳＮＳ（交流サイト）で、沖縄と基地問題を、たびたび取り上げる。「私たちは沖縄を盾にしてきた」「せめて知ることからは逃げずにいよう」。子どもが通う学校の保護者と会ったときも、同じ話題を投げかけると、それぞれの感じたことが語られる。「想像も及ばないことに気付かされることがある。経験や考えを共有することで、社会全体の想像力が豊かになる。暮らしの中で、身近な人から伝えたい」。

歴史の「空白」埋めたい

米軍の記憶 山中湖村史に

古めかしい装丁のアルバムをめくり、山梨県山中湖村教委の野村晋作さん（36）は息をのんだ。１９３６年から75年まで山中湖畔で営業していた高級リゾートホテル「富士ニューグランドホテル」の白黒写真。富士山とホテル外観、瀟洒な意匠が施されたロビー、晩餐会を楽しむ人々――。１４９枚の写真には、太平洋戦争前後の上流階級の生活が収められていた。

そのうちの1枚に目が留まった。軍服を身にまとう米国人将校らしき男性と、従業員とみられる男性たち。別の写真には雪をかぶった英字の看板。「ＵＳ　ＡＩＲ　ＦＯＲＣＥ　ＳＰＥＣＩＡＬ　ＳＥＲＶＩＣＥ　ＨＯＴＥＬ」とあった。ホテルが戦後、米軍に接収された歴史を伝えていた。

村と富士吉田市にまたがる北富士演習場には戦後、米軍基地キャンプ・マックネアが設置された。50年の朝鮮戦争勃発後には大部隊が置かれ、山中地区には米兵を主客とするビアホールが立ち並んだ。だが、70年代から90年代に刊行された村史には、米軍基地に関する記述はほとんどない。「基地内の状況が分からず、体系的に描写することが困難だったのだろう」（野村さん）。

北富士演習場と同時期に開設されたホテルは、戦争に翻弄された。戦前は日本と同盟関係にあったドイツやイタリアの人が利用し、戦中は日本軍の管理下に置かれ、戦後は連合国軍総司令部（ＧＨＱ）の施設に。「ＹＡＭＡＮＡＫＡＫＯ」は米海兵隊だけではなく、米海軍の要衝でもあり、ホテルは将校級が拠点とする軍事施設となった。

村は２０１５年に、新しい村史編さん事業を始めた。戦後の「空白の時代」も含め、村民目線の歴史を後世に残すため、村教委は村民に資料提供を呼び掛けた。アルバムの寄託を申し出たのが、滝口三七子さん（85）だった。

父親は戦前から戦中にかけてホテルに勤め、滝口さんも１９５３年から勤務。ウエートレスや電話交換手の仕事をした。ＧＨＱの接収が解除された後も、主客は米兵だった。「立ち居振る舞いがとてもスマートで、コーヒーカップの下にチップとして置いていった百円札を従業員仲間と分けた」。

米兵は１週間ほど滞在して、どこかへ行ってしまう。そしてまた、別の兵士がやってくる。フロント勤務の従業員に「戦場に行く前に、ここで静養するらしい」と教えてもらった。ホテルは軍事戦略上の一施設に組み込まれていた。

アルバムは、ホテルが閉鎖される時に副支配人の男性から家族が譲り受けたもの。「ホテルは庶民の暮らしとは完全に切り離された別世界。山中湖にはキャンプ・マックネアとは違う米軍との関係があったことを伝える貴重な写真だと思った」。

ＧＨＱに接収された時期がある富士ニューグランドホテルの写真について話す野村晋作さん＝山梨県山中湖村内

村史編さん事業が始まって２０２２年で７年がたった。17軒から資料提供があったが、米軍関係はほとんどない。野村さんは言う。「米軍は冷戦下の有事を沖縄ではなく山梨から見ていた。軍事史の観点からも意味のある地域だが、歴史を知る人が少なくなり、今のままでは忘れられてしまうかもしれない。資料を収集し、客観的に記録し、継承しなくてはならない」。事業完了予定は２０３０年。残された時間は限られている。

富士ニューグランドホテルの外観

「平和」学習 同じ目線で

子ども同士の交流模索

「沖縄と山梨の子どもが交流する機会をつくりたいのですが……」。山梨県甲府市の高野裕さん（68）は2022年の5月下旬、沖縄県読谷村で戦争遺跡のガイドを務める女性との電話で、こう切り出した。山梨と沖縄に住む子ども同士の交流は、沖縄の友人から戦争体験を聞き取って一冊の本にまとめてから、ずっと考えていたことだった。

元公立小学校教諭の高野さんは21年末、「はっちゃんの沖縄戦―『忘（わし）らんで！』いのちの叫びに衝き動かされて」を出版した。「はっちゃん」こと上原はつ子さん（93）＝沖縄県那覇市＝は、戦前の沖縄で女子実業教育を進めた私立沖縄昭和高等女学校（昭和高女）の生徒。女学校を創設した八巻太一（126ページ参照）は山梨県江草村（現北杜市）出身で、100年前に甲府・池田小の校長だった。高野さんが池田小校長だった10年、上原さんから母校の慰霊碑建立に当たり池田小にも記念品を贈りたいとの電話があり、交流が始まった。

顔を知らない「元女学生」と、電話と手紙だけのやりとりを続けた数年間、高野さんの元には多くの資料が届いた。八巻太一と昭和高女の戦没学徒に関する写真や文書をはじめ、沖縄戦の遺骨収集や基地問題を報じる地元紙の特集。その半分を米軍普天間飛行場（沖縄県宜野湾市）の名護市辺野古移設を巡る新聞記事が占めた。戦争、基地問題を本土とは違う密度で伝える記事。その上に引かれた何本もの赤線から、高野さんは「教育者として、伝えてほしい、というメッセージを明確に託されている」と感じ取った。

教員を退職した14年、高野さんは上原さんと初めて面会した。以来、家族と、知人と、毎年沖縄を訪ねた。自ら経験した戦争、今なお残る問題をよどみなく語る上原さんとの対話は「知るたびに新しい疑問が生まれ、沖縄に対する自分のとらえ方を学び直すことを迫られた」。沖縄を知ることで見えてきたのは、貧困、格差、環境問題といった日本の課題だった。

沖縄から送られてきた基地問題の新聞記事を前に「伝えてほしい、というメッセージを受け取った」と語る高野裕さん　＝山梨県甲府市内

戦後70年を迎えた頃、新聞記事で、戦後、北富士演習場にいた米海兵隊が沖縄に移転していたことを知った。基地周辺の住民に及んだ被害、当時の米軍基地について図書館で調べようとしたが、詳しい資料は見つからず、手に入ったのは古い地図のみ。「沖縄で今起きている基地問題は山梨にもあり、そのまま沖縄に移っていた。こんなに身近に起きていたのに、沖縄に基地が集中する現状に当事者意識を持っていなかった。もっと早く知らなければいけなかった」。

高野さんは今、沖縄と山梨の子ども同士の交流を模索する。例えばオンラインでつなげた沖縄の教室から戦闘機の音が聞こえたら、遠い場所の話が身近になるはずだ、と考える。「エピソードにひも付けられた体験、具体的な交流が、客観的な知識を自分事にしていく」。沖縄戦の組織的戦闘が終わった6月23日の「慰霊の日」を前に、かつて八巻太一が赴任した読谷村の人々と沖縄で会う。

本を出して半年が過ぎ、教え子や元同僚から感想をつづった手紙が届く。彼らから本を手渡された子どもたちの感想も。「戦争を体験したことのない僕らが平和という抽象的な概念を伝えるには想像力が求められる。教える側が切実さを持って伝え、対話や交流を通じて子どもの中に残す必要がある」と高野さんは語る。「戦争にはそこに至る過程があり、ある日突然沸点を超える。だからこそ、戦争を招く前に『何かおかしい』と気付ける感性を、育てたい」。

足元の歴史を出発点に

平和教育元教員の焦り

ページをめくると、全ての漢字にふりがなが付いた文章と、富士山麓の農民と戦車、横たわる男の子の挿絵が現れる。「ふるい爆弾をいじっていて、それがきゅうに爆発して」――。社会科教員らでつくる歴史教育者協議会が1985年に作成した小学生向けの「おはなし歴史風土記」19巻の山梨県版には、北富士演習場に残った米軍の不発弾爆発事故に関する記述がある。

北富士演習場での米軍実弾演習を取り上げた「富士がこわれる」を執筆したのは、山梨県南アルプス市の元小中学校教諭、相原千里さん（81）。かつて自身が行った授業や新聞記事などをもとに、富士北麓に米軍がいた戦後と、地域住民が共同で立ち入って草木を採る「入会」の慣習、その権利を求める運動を書いた。富士北麓で教論として歩み始めた66年、「北富士問題」に対する保護者の声を聞き「教材になる」と感じた。

68年に戻った出身地の中巨摩地域では、巨摩中（現白根巨摩中）を中心に、子どもの自主性や思考力の育成を重んじる「巨摩中教育」が注目されていた。相原さんは、不発弾で息子を亡くし入会地の返還運動に身を投じた北富士の女性の姿から、山梨の歴史と暮らしを学ぶ教材作りをした。教科書に書かれていない地域史を学ぶ先には、平和への視線があった。

「遠い地域や時代の出来事を一足飛びに話しても、子どもの中に根付かない。足元の歴史を学ぶことから出発し、富士北麓、沖縄、全国、世界へと理解を広げていかなければ」と相原さんは語る。授業では南アルプス山麓の入会の慣習を学び、「富士山の麓はどうかな」と生徒に問いかけた。同じ入会の山に米軍基地が置かれ、基地が沖縄に移転したことも伝えた。授業の後に「沖縄に行った兵士はどうなったの」と聞きに来た子には、ベトナム戦争下の沖縄の様子を話して聞かせた。

退職し、時折「学校で戦争の話をしてほしい」と招かれる立場になった。ただ、子どもに話を聞かせて、それで終わりの学校もあった。「戦争体験とともに、県内に

「足元の歴史を学び、共感を広げていくことが重要」と語る相原千里さん　＝山梨県南アルプス市内

米軍基地があった時代を語れる人はもうすぐいなくなる。教員自身が工夫しなければ、平和教育は続かない」。

元公立高校教諭で、同県甲府市の山梨平和ミュージアム理事長の浅川保さん（76）も、相原さんとともに「おはなし歴史風土記」の編者に名を連ねる一人。ミュージアムでは2022年、「復帰50年、沖縄を考える」と題した企画展をした。名護市辺野古への新基地建設を巡る県民投票や日米地位協定の問題点などを伝えていて、「もっと気軽に先生に使ってほしい」と言う。

07年の開館以来、教員から平和学習や教材作りの相談をたびたび受け、修学旅行の事前学習や授業の準備で施設を訪ねてくる教員もいた。相談や見学は甲府空襲のあった7月、終戦記念日がある8月に集中する。「沖縄の日本復帰50年を迎えた今年（22年）は企画展の見学を期待した」（浅川さん）というが、学校からの相談はない。

「平和教育が『戦争』の学習で終わり、その後の山梨や沖縄がどうなったかという戦後と結びついていない」と浅川さん。米統治下を含む「戦後の体験者」をどう生かすかも課題だと語る。「足元の歴史の先には基地問題をはじめ今日的な問題があることを、教員自身が意識して学び、教えていかねばならない」。

平和教育の「種」をまく

教え子とともに向き合う

「なんで戦争してるの」。ロシアによるウクライナ侵攻が始まり、テレビで地上戦の映像が流れていた2022年3月。山梨県甲斐市の玉幡小教諭の内藤かんなさん(27)は、児童にこう問われ、言葉に詰まった。インターネット上には残酷な動画もあり、教室で見過ごせない発言も増えた。「暴力で何かを実現しようと思ってほしくない。関心が差別に転じてしまわないかも心配」(内藤さん)。カリキュラムにない平和教育の必要性と難しさに直面した。

自分よりさらに戦争が遠い児童に平和を教えるとき、内藤さんは修学旅行で沖縄へ行った韮崎高時代の記憶をたぐる。雨が降り注ぐ慰霊碑に手を合わせていた元看護学徒の高齢女性。広い芝生の向こうで飛び立つ戦闘機のごう音。那覇市の高校生の「本土と沖縄では温度差がある」という言葉。教える立場になった今、受け取った熱量とともに伝えていく責任を感じている。

内藤さんが在籍した11年、韮崎高は修学旅行を前に本土と沖縄の新聞を読み比べながら事前学習を行い、基地問題と平和について那覇高の生徒と文章で「意見交換」した。「基地のある沖縄に住む高校生は自分の考えを熱く語る。本土の人は知ってはいても、議論できる考えは持っていない。この差は知るだけでは埋まらないと感じた」と内藤さんは語る。

韮崎高と那覇高の意見交換は、11年から12年にかけて山梨日日新聞の投稿欄「私も言いたい」に50本以上が掲載された。両校が山梨、沖縄両県の地方紙へ投稿した。「家の近くで不発弾が見つかるたびに避難します」「本土にあるような何百年も生きている木々は燃えてなくなっている」「戦争を経験していない私でさえ、戦争の傷跡に苦しんでいるのです」——。沖縄の10代の声に山梨の読者が感想を投稿。紙面を通じた対話も生まれた。

当時、韮崎高で2年の学年主任を務めた河手由美香さん(59)=現北杜高校長=は、1年かけて基地問題と平和を考えた当時を振り返る。「新聞で社会問題に触れる

児童会活動で子どもと向き合う内藤かんなさん。「平和学習の必要性、難しさを感じる」と語る
＝山梨県の玉幡小

と、今ある問題の元には何があったのか、過去に目が向く。そして現地の同世代と意見を交わすことで未来を意識し、紙面を通じた重層的な対話が生まれた」。

内藤さんは今、6年生を受け持ちながら児童会活動を担当する。授業の内外で、折に触れて沖縄での体験を話す。「ひたすら種をまく。いつか自分の意見を語る材料になればいい」。意識するのは自分の考えを持つための訓練。ニュースを話題に「なぜかな」と問いかけ、考えるよう促す。平和、差別といった抽象的な概念、社会問題を小学生の目線に落とし、それぞれの考えを共有する。「先生に教わってもすり抜けていった話が、同世代の言葉ですっと入る。自分の問題になり無関心ではなくなる」。

内藤さんが沖縄を初めて訪れたのは教え子と同じ6年生。糸満市の「平和の礎（いしじ）」で、南方戦線で戦死した曽祖父の名前を探した。遺骨を受け取れなかった曽祖母は、南方で捕れた魚を死ぬまで口にすることはなかった。平和につながる断片的な記憶、経験を折に触れて子どもたちに伝えたいが、それを掘り起こすだけで「今」を教えることに限界も感じる。「子どもから『なぜ』と問われるたび、学び直したい、と強く思う。受け取ったものを大事にしながら、自分に何ができるか考えたい」。

エピローグ

慰霊の日　祖父の教え胸に

梅雨明けの澄んだ青空が広がる2022年6月23日正午過ぎ、仕事の電話を切って静かに目を閉じた。沖縄戦の組織的な戦いが終結した「慰霊の日」。嘉納英佑さん（24）＝沖縄県中城村＝のまぶたの裏に浮かんだのは、1週間前に89歳で息を引き取った祖父、比嘉隆さんの顔だった。

嘉納さんは読谷村出身。村は77年前の沖縄戦で、米軍の上陸地点となった。降り注ぐ艦砲射撃は「鉄の暴風」と呼ばれた。ミュージシャンの宮沢和史さん（56）＝山梨県甲府市出身＝は代表曲「島唄」の歌詞に、その情景を編み込んだ。村は戦後、大部分が米軍基地となり、今も嘉手納弾薬庫地区やトリイ通信施設がある。基地は生まれた時からある見慣れた存在だった。

10歳の時、沖縄戦を「世界を見つめる目」と題した詩につづった。教えてくれたのは祖父。海外の紛争を題材にしたドキュメンタリー番組を見ながら「昔の沖縄でもあったことだ」と切り出した。戦死した人たちの亡きがらをよけながら逃げた祖父。軍曹だった曾祖父は糸満市で目撃されたのを最後にいつ、どこで命を落としたのかも分からなかった。

嘉納さんは、番組の映像に沖縄戦を重ねながら詩を紡いだ。「ぼくのとなりで／おじいちゃんが／自分の目で見てきたできごとを／ぼくに伝えた／苦しかったせんそうのできごと」。作品は08年の「平和の詩」に選ばれ、嘉納さんはその年の慰霊の日に沖縄全戦没者追悼式で朗読した。

祖父は争いに関係するものを遠ざけた。嘉納さんが小学生の時のことだ。秋祭りの屋台のくじ引きで、ほしかったエアガンが当たった。家に帰り、「格好いいでしょう」と得意げに見せた。普段は穏やかにほほえむ祖父が、真顔になった。

「それはくじで当たってうれしいものなのか」「どうやって遊ぶつもりなんだ」。静かに尋ねる。けれどその声音は怒りを帯びていた。おもちゃと分かっていても、戦争で父親を亡くした祖父にとっては、決して受け入れられないものなのだと幼心に考えさせられた。

嘉納さんは高校を卒業後、本土の地方都市で生活してみたい、と富士山の麓にある山梨県の都留文科大に進んだ。かつて米軍基地キャンプ・マックネアが存在した北富士演習場のすぐそばだった。

10歳の「誓い」今も

嘉納英佑さんにとって、山梨の生活は、沖縄とさほど変わらなかった。海に囲まれているか、山に囲まれているかの違いはあるが、ゆったりと時間が流れ、人間関係が密接なのは同じだった。

沖縄戦で命を落とした曾祖父の名前が刻まれた慰霊碑を見る嘉納英佑さん　＝沖縄県読谷村

ただ、「米軍基地がない生活」は初めて。飛行場から飛び立つ米軍機の爆音はなく、空から聞こえるのは鳥のさえずりだけ。「当たり前だと思っていたことが、そうではないのだと山梨で気付かされた」。都留文科大の卒業論文では米統治下の基地経済を分析し、軍用地返還後の経済振興を展望した。20年に帰郷し、損害保険会社に就職した。

生活者となって見える沖縄の景色は、山梨に行く前とは少し違う。良くも悪くも、米軍は身近な存在となった。

顧客と米軍車両との交通事故は防衛省経由で処理しなくてはならず、解決に1年以上かかることがある。友人が米軍属の男性と結婚し、新たな人生を歩み出した。基地から流出したとみられる有害物質による水質汚染は、家族を持つ将来を思うと不安が募る。

知らないこと、分からないこともたくさんある。北富士演習場のキャンプ・マックネアに常駐していた米海兵隊が、１９５０年代に沖縄に移ったこと。「深夜の飛行訓練は必要最小限とする」という日米間の騒音防止協定の存在も知った。

沖縄に米軍専用施設の７割が集中する状況は平等だとは思えない。けれど、基地のリスクを身をもって知っているだけに、どこかに引き受けてほしいとも言えない。基地の存在を自分以外の人は、どう受け止めているのだろうか。

山梨で得た人間関係は続いている。沖縄戦のことを知りたい、米軍基地のことを教えて、と沖縄を訪れる友人がいる。「沖縄の今を知ってほしい、互いに分かり合いたい。自分ができることはどんなことでもしたい」。

10歳の時に書いた詩を嘉納さんはこう結んだ。「ぼくは、／世の中をしっかりと見つめ／世の中の声に耳をかたむけたい／そしていつまでも／やさしい手とあたたかい心を持っていたい」。

その気持ちは今も、変わっていない。

嘉納さんが10歳の時に朗読した「平和の詩」

世界を見つめる目
やせっぽっちの男の子が
ほほえみながら、ぼくを見つめた
テレビの画面の中で…
ぼくも男の子を見つめた
どんな事があったの？
何があったの？
何も食べる物がないんだ
でも、ぼくは生きたい
くるしいけど、あきらめない
ぼく　がんばるよ
えがおが　あふれる

生きる人間の力強さを感じた
ぼくは　真実を見つめる目を
持ちたいと思った

悲しそうな目をした女の子が
なみだをうかべながら、ぼくを見つめた
テレビの画面の中で
ぼくもその女の子を見つめた
なぜ、悲しい顔をしているの？
なぜ、ないているの？
せんそうで、家族もいなくなっちゃった
家も　友達も
全部、全部なくなっちゃった
悲しいよ　さびしいよ
どうすればいいの　助けて

大切なものをなくした人間の弱さを感じた
ぼくは　涙をふいてあげる
やさしい手を持ちたいと思った

きずだらけの男の人が
苦しそうな顔をして　ぼくを見つめた
本の写真の中で…
ぼくも男の人を見つめた
どうしたの？
いたいでしょ　大じょうぶ？
あらそいからは　なにも生まれはしない
おたがいにきずつくだけ
にくしみがつのるだけ
人間のおかしたあやまちの大きさを感じた
ぼくは　やさしくてあてしてあげる
あたたかい心を持ちたいと思った

ぼくのとなりで
おじいちゃんが
自分の目で見てきたできごとを
ぼくに伝えた
苦しかったせんそうのできごと
おばあちゃんが
自分が体験してきたできごとを
ぼくに伝えた
こわかった　そかい先でのできごと
お父さんが
自分が聞いたできごとを
ぼくに伝えた
食べる物がなく　苦しんでいる人がいる事
家がなく　つらい思いをしている人がいる事
家族とはなればなれになってしまっている人
ざんこくでひさんなできごと
悲しくなった　つらくなった
お母さんが何も言わず
ぼくをだきしめた
むねがいっぱいになった
あたたかいぬくもりが
ずっとずっと　ぼくの中にのこった

みんながしあわせになれるように
ぼくは、
世の中をしっかりと見つめ
世の中の声に耳をかたむけたい
そしていつまでも
やさしい手と
あたたかい心を持っていたい

（沖縄県平和祈念資料館提供）

基地問題「自分事」に足元の歴史知り、未来へ

――あとがきに代えて

米軍基地と山梨、日本復帰50年を迎えた沖縄について考える山梨日日新聞の連載企画「Ｆｕｊｉと沖縄」。全6部のシリーズでは、占領下を中心として北富士演習場など本土各地にあった米軍基地が米統治下の沖縄に集約された歴史と、基地を巡る現在の課題を書いた。「Ｆｕｊｉ」は、山梨ゆかりの霊峰であり、日本の象徴でもある。基地問題は「他人事」ではないとの思いをタイトルに込めた。

本土に基地があった当時、周辺では事件や事故が相次ぎ、被害者には十分な補償がなされないだけでなく、加害者が処罰されないケースもあった。基地周辺では米軍への反感が募り、激しい抵抗の動きが広がった。部隊や基地機能は沖縄に移転。本土よりも、直接統治している沖縄の方が反対運動を制御しやすいだろうという思惑が働いたとみられている。

基地を巡る課題は過去のものではない。象徴が日米地位協定だ。米兵が公務中に起こした事件や事故の一次裁判権は米側にあり、航空法など国内法を守る必要がない。特に

沖縄の基地周辺では騒音による健康被害や水質汚染の問題が次々と起きる。全国知事会は不平等な協定の改定を求めているが、現在も実現していない。

米軍普天間飛行場の名護市辺野古への移設など沖縄県民の基地への反対の民意は根強い。単に基地負担が過重であるというだけではない。県内移設の過程を経ることで、かつて「押し付けられた」基地を、自ら「引き受ける」ことになりかねない重大な局面だからだ。

だが、本土と沖縄の米軍基地問題への意識は乖離し、沖縄の置かれた状況や痛みへの想像力はやせ細り続けているようにもみえる。命や生活を守ろうとする訴えに、心ない誹謗中傷や敵意のまなざしが向けられることさえある。

沖縄に米軍基地が集中する現状の前には占領があった。占領期をさかのぼると戦争があった。すべてが一続きのものだ。では、この先は――。

未来への歩みは、足元の歴史を知り、目の前の事実を見つめることから始まる。

本書の元となった山梨日日新聞連載「Ｆｕｊｉと沖縄　本土復帰50年」は、
第22回石橋湛山記念早稲田ジャーナリズム大賞・公共奉仕部門大賞
第28回平和・協同ジャーナリスト基金賞※以上２０２２年
第５回むのたけじ地域・民衆ジャーナリズム賞優秀賞※２０２３年

を受賞しました。

紙面連載及び本書の編集・刊行にあたり、本文中にお名前を挙げた方々、諸機関をはじめ、記載のない多くの方々にもご理解・ご協力を賜りました。厚く御礼申し上げます。

「Fujiと沖縄」取材班

山梨日日新聞社編集局

前島文彦

中嶋寿美子

広瀬徹

橘田俊也

保阪有

Fuji と沖縄

2023年6月23日　第1刷発行

編集・発行　山梨日日新聞社
〒400-8515 甲府市北口二丁目6-10
電話055-231-3105（出版部）
https://www.sannichi.co.jp/

印刷・製本　(株)サンニチ印刷

※落丁・乱丁本はお取り替えします。上記宛にお送り下さい。
なお、本書の無断複製、無断転載、電子化は著作権法上の例外を除き禁じられています。第三者による電子化等も著作権法違反です。

※定価はカバーに表示してあります。

©Yamanashi Nichinichi Shimbun.2023
ISBN978-4-89710-317-4
JASRAC 出2303301-301